最美的昆虫科学馆
小昆虫大世界

Kun Chong Ji

昆虫记

贪婪的麻醉专家
——砂泥蜂

〔法〕法布尔／原著   胡延东／编译

U0324681

天津出版传媒集团

天津科技翻译出版有限公司

前　言

　　《昆虫记》是法国杰出昆虫学家、文学家法布尔的经典之作，它详细记载了多种昆虫的本能、习性、劳动、婚姻、繁衍、死亡、丧葬等习俗，堪称一部了解昆虫的百科全书。

　　然而《昆虫记》的意义又不仅于此，全书从人文关怀的视角出发，通过对昆虫习性的描写，展现了各种昆虫的个性特点，以及它们为了生存而做的不懈努力，体现了作者对昆虫的尊敬，对生命的关爱。

　　由于《昆虫记》是作者以"哲学家一般的思，美术家一般的看，文学家一般的感受与抒写"编著而成的史诗，也是尊重生命、讴歌生命的典范，所以它问世这一百多年来，便一版再版，先后被翻译成五十多种文字，一次又一次在读者中引起轰动。它的作者法布尔，也因对科学和文学方面的双重贡献，被誉为"科学诗人""昆虫世界的荷马""昆虫世界的维吉尔"。

　　作为中国中小学生的必读课外读物，《昆虫记》因其知识性和趣味性而备受关注，但它毕竟是一部科普巨著，这对课业繁重、理解能力有限的中小学生来说，是一项很大的"阅读工程"。所以本系列丛书就根据原版《昆虫记》所提供的有关昆虫生活习性的资料，以简单通俗的语言将每种昆虫的特点简要呈现出来，省去原书中专业化的术语及大量反复的实验论证过程，保留原书的叙事特色，让孩子在轻松愉快的阅读氛围中体验到昆虫王国的奇特。

　　本套《昆虫记》共分十册，其中《贪婪的麻醉专家——砂泥蜂》着重讲述了节腹泥蜂、飞蝗泥蜂、砂泥蜂、泥蜂、胡蜂五种昆虫的生活习性。它们有的是高明的麻醉师，有的是贪婪的强盗，有的是才华横溢的建筑师、敬业的泥瓦匠；同时，它们又是只会按程序办事的呆子、一心寻找大门却不认识孩子的傻瓜，令人捧腹，令人深思，令人感慨。

目　录

以麻醉术而闻名于世的家族
　　——节腹泥蜂、飞蝗泥蜂 05

了不起的外科手术专家
　　　　　——砂泥蜂 41

一只泥蜂的悲喜人生 75

自由胡蜂 103

以麻醉术而闻名于世的家族

——节腹泥蜂、飞蝗泥蜂

吉丁的天敌

从童年时代起，我就喜欢昆虫，而真正启发我开始研究蜂群生态的是昆虫学祖师列翁·杜福尔。

杜福尔有一部专门讲述捕食吉丁的节腹泥蜂的著作，我读完后觉得内容上可以更详细，便决定亲自观察并研究节腹泥蜂。

节腹泥蜂喜欢将房子盖在干燥且阳光充足的土坡上，另外，海边松软的沙地、峭壁上易碎的砂岩也是它的心仪住址。我曾亲自挖出大量杜福尔所描述的泥蜂，还找到了几个老窝。这些窝里充满了鞘翅目昆虫的残肢断

体：断掉的鞘翅、掏空的前胸、整条腿……很容易辨认出来，这些幼虫美宴后的残羹剩菜都属于同一虫类——吉丁。

节腹泥蜂捕捉到吉丁，将它拖回窝里，再在它胸前产下卵，等到幼虫出生，就可以以吉丁为食，慢慢长大。

有趣的是，根据杜福尔的发现，这些被当作幼虫食物的吉丁"尸体"，不管是什么时候被放进窝中的，都保持着新鲜的色彩和弹性，毫无腐烂的痕迹。

在夏天，被节腹泥蜂"杀死"的吉丁几个星期都不会变质发臭。杜福尔将其归结为吉丁捕猎者用毒针上的毒汁作为食物的"防腐液"，即节腹泥蜂用针刺吉丁时，将具有防腐功能的毒液注入吉丁体内。

事情真的是这样吗？为什么节腹泥蜂偏爱吉丁？它吃其他虫类吗？我期待着自己也能看到节腹泥蜂的工作过程，解开这些疑问。

象虫的克星

　　九月下半月是膜翅目掘地虫挖腐和把猎物埋藏在窝里的时期。我终于找到了机会欣赏这些节腹泥蜂的各种劳作。

　　我找到了节腹泥蜂中个子最大、最壮实的栎棘节腹泥蜂。它不同于杜福尔称颂不已的那种节腹泥蜂，它不以吉丁的幼虫为食物，而选择了身材巨大的象虫科昆虫——小眼方喙象。偶尔有个别例外的猎物，也不超出象虫科。我发现，在8种以鞘翅目昆虫为口粮的节腹泥蜂中，7种吃象虫，1种吃吉丁，而吉丁和象虫之间在外表上毫无相似之处。更重要的是，这些被栎棘节腹泥蜂拖回家的象虫也同吉丁一样保存完好，看不出任何损伤，而且1个多月后仍然没有腐烂。

象虫的嘴巴像大象的鼻子，特别长，它的翅膀和背像盔甲一样坚硬。按道理，节腹泥蜂的毒针不可能戳破它的硬壳，可是在打斗时，节腹泥蜂高明地懂得盔甲间的连接缝隙在哪儿，它找准机会迅速刺入，象虫马上就全身瘫痪了。

而且我经过多次观察发现，刺入点永远都是那一个：腹部中线上第一对腿和第二对腿之间。而这也正是象虫（包括吉丁）的神经中枢所在！

因此，被刺中神经中枢的昆虫并没有死去，只是全身不能动弹，被麻痹了。节腹泥蜂专吃吉丁或专吃象虫，正是因为这两种昆虫的神经节全都集中在那个位置，否则，面对比自己大得多的对手，如果不能马上制服它，自己就会面临生命危险。

这是多么了不起的智慧！心灵手巧的节腹泥蜂是高明的猎手和天生的麻醉师！

为了进一步论证我的发现，还需更多的例证。

喜欢蟋蟀的黄足飞蝗泥蜂

　　黄足飞蝗泥蜂喜欢在道路两侧的边坡上安家，那里有易于挖掘的泥土和充足的阳光。它的住所没有栎棘节腹泥蜂的结实，但对食物的专一却与节腹泥蜂相似——只是它喜欢的食物是蟋蟀。

　　蟋蟀的个头比黄足飞蝗泥蜂大许多，但在黄足飞蝗泥蜂面前却难逃厄运。

我常常看见飞蝗泥蜂狩猎归来。它用大颚咬着一只胖乎乎的比它重几倍的蟋蟀的触角，筋疲力尽地在离家不远处休息，然后又抖擞起精神，靠徒步拖动蟋蟀回到目的地。

而窝里的蟋蟀，和节腹泥蜂喜欢的吉丁、象虫一样，纹丝不动却又似乎保留着生命的气息。

我认为有必要观察飞蝗泥蜂是如何杀死猎物的，于是把飞蝗泥蜂的俘虏拿走，换成了一只活的大蟋蟀。

高超的搏斗技术

　　黄足飞蝗泥蜂正准备去抓被我调换过的猎物，突然发现蟋蟀是活的，就径直向它扑了过去。蟋蟀惊慌失措，连蹦带跳拼命逃窜。两虫瞬间扭打成一团，战场顷刻间尘土飞扬。

　　黄足飞蝗泥蜂猛地伸出后腿，后腿上两排锐利的锯齿使蟋蟀翻倒在地，蟋蟀仰面朝天，足爪乱蹬乱踢，双颚乱咬。

　　"猎手"立刻反向趴在对手的肚子上，张开它可怕的大颚，猛地咬起蟋蟀腹部的一大块肉。蟋蟀仍不死心，后腿依旧疯狂地挣扎。

　　黄足飞蝗泥蜂就用前足压住蟋蟀的后腿，用中足制止住蟋蟀仍旧抽动的胸部，后足则像两根强大的杠杆一样按住蟋蟀的脸，使蟋蟀脖子上的关节张得大大的。

　　这时，我激动地看到，黄足飞蝗泥蜂举起传说中的毒针，第一下，刺进被害者的脖子里，第二下，刺在被害者的前胸与后胸的关节处，蟋蟀立刻全身瘫软，再也不能动弹了。最后一击完成于腹部，这样，在非常短的时间内，凶杀大业便完成了。飞蝗泥蜂准备搬运牺牲者，而垂死的蟋蟀只剩下后腿还在微微颤抖。

这一奇妙的战役让我意识到，这三下干脆利落的猛戳，在三个特殊的位置，显然是经过精心计算的万无一失的手段。

我解剖了一只蟋蟀，果然发现它的三个神经中枢彼此隔得很远，用螯针重复刺三次，正好刺在三个神经中枢所在之处，是为了让蟋蟀彻底瘫痪。

被麻痹的猎物

我通过生理学和解剖学的方法解答了疑问：区别是受害昆虫的神经节点，泥蜂用螯针麻痹了猎物的神经，它们并没有死去。

节腹泥蜂喜欢捕捉的象虫和吉丁神经系统集中，它们只需集中刺在一个地方；而蟋蟀的神经节分散，飞蝗泥蜂就得分别刺三下。

这就解释了猎物为何久久不腐烂。抛开了杜福尔毒理学的思维后，我继续观察被麻痹的猎物。它们在麻痹后的第一个星期还有排便！

我又用电流试图击活猎物，发现猎物的肌肉受到电击时有收缩反应。这些都说明了它们不可能彻底死亡。

世人即使拥有最广泛的知识，却不能做到将猎物活生生地贮藏起来，不变味、不腐烂，如死一般一动不动，而且内脏保持新鲜，外表还不能有任何损伤，整体具有生命气息。可在泥蜂的食橱中这一切都不在话下。

人类号称无所不能，在泥蜂的麻醉术面前都要甘拜下风了。

上帝为什么选中它们？

挖开节腹泥蜂的窝，我会看见并排放置的一排吉丁或一排象虫。它们全都四脚朝天，头朝向蜂房的尽头，脚在门口。它们的盔甲坚硬，只有一个部位能被带螫针的节腹泥蜂刺入，而这个盔甲连接处就是三个运动神经中枢所在。象虫和吉丁都属于神经器官集中的昆虫，一旦被刺中神经中枢，立刻就会瘫痪。

神经器官的这种集中首先是金龟子所特有的，只是大多数金龟子都太大了，而且许多金龟子都生活在粪便中，爱干净的节腹泥蜂是不会到粪便中去寻找猎物的。阎虫科昆虫的运动神经中枢也非常集中，可这些昆虫十分污浊，与恶臭的尸体为伴，节腹泥蜂对它们更加不屑一顾，最后只剩下大小适中的吉丁和象虫了。

三种常见的飞蝗泥蜂（黄足飞蝗泥蜂、白边飞蝗泥蜂和朗格多克飞蝗泥蜂）都只选直翅目昆虫作为幼虫的食物：第一类选蟋蟀，第二类选蝗虫，第三类选距螽。

三种外形有着巨大差异的昆虫都有强有力的大肚子和悠闲自在的性格。它们的肚子易长膘，行动缓慢，数目众多，而且大小也适中，能够成为主菜。

　　虽然它们不像吉丁和象虫那样只需一击就能手到擒来，但是无师自通的飞蝗泥蜂早已了解了它们的神经构造，亮出"匕首三击"，同样能把它们制服。

　　为了让孩子们吃到新鲜、肥美的食物，泥蜂们都掌握着高明的麻醉术，并精心选择出最合适孩子们的食物。

它们才是真正的昆虫学家

我们国家研究昆虫的资料很少。

这种遗憾最主要的原因是人们普遍采用的研究方法是肤浅的。

人们抓住一只昆虫，用一根长长的大头针把它钉在一个软木底的盒子里，然后记下它的触角有多少关节，翅膀有多少翅脉，腹部或胸部的某个区域有多少根毛，最后在它们的尸体下方写上它们的拉丁文名字，这就是关于这只昆虫的一切。此后的人们根据这些来研究、分类。但这毫无用处。

只有在了解了昆虫的生活方式、本能、习惯之后，人们才能真正地认识这种昆虫。例如，要说明朗格多克飞蝗泥蜂，在冗长地描绘了它的长相，说明它的翅脉数目、排列方式之后，是否就能让读者认识这类昆虫？

然而，只要在枯燥无味的描述中加上三个字："捕距螽"，一切就都清楚了。

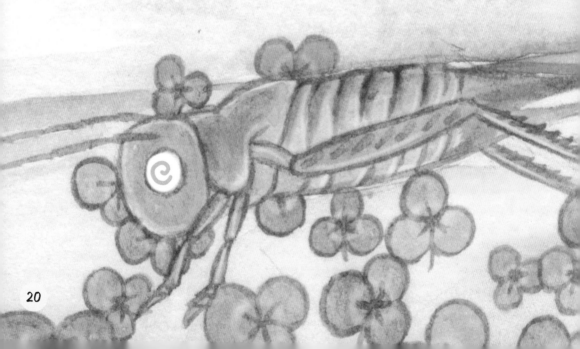

　　蝗虫、蟋蟀、距螽外表看起来很
不相同，但它们都属于直翅目昆
虫。毫无疑问，飞蝗泥蜂对直
翅目昆虫的一贯做法，就是
先麻醉，然后完整地拖回自
己的洞里。

　　它们对直翅目昆虫
不仅仅能认识，还能深
入地了解直翅目昆虫的
结构，知道神经节的分
布，同时它们还能找到

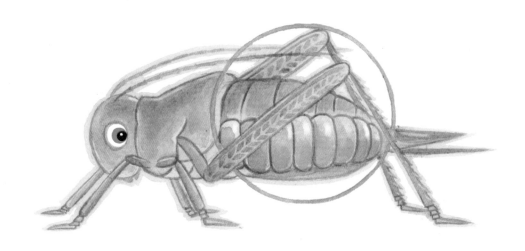

直翅目昆虫经常出没的地方，这一切都表明，它们才是真正的昆虫学家。

促使它们成为昆虫学家的主要原因是孩子。比如朗格多克飞蝗泥蜂有时候专门挑选雌巨螽，因为雌巨螽肚子里有很多美味的卵，这是它的孩子最喜欢的食物。

而雌巨螽与雄巨螽的唯一区别就是，雌巨螽的腹尖上有把刀，这是它把卵埋在地下用的产卵管，雄巨螽却没有这个装备。虽然只有这一点点微小的差别，所有的朗格多克飞蝗泥蜂都知道得清清楚楚呢。

不得不准备很多房子

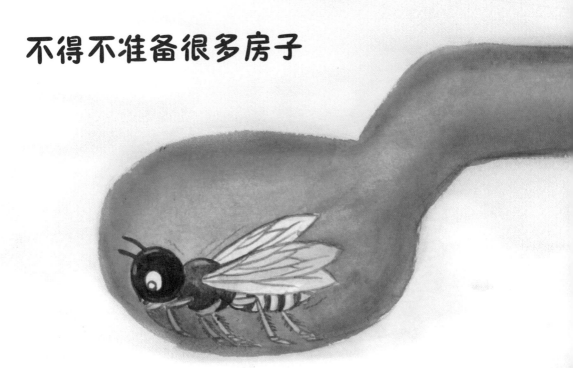

　　黄足飞蝗泥蜂向来都是互相帮助，一起盖房子的。由于黄足飞蝗泥蜂将来可能要生30个孩子，所以它不得不准备很多房子。

　　首先就是选址，这个不必担心，它早已经相中了一片地方：前面那条小路旁边的斜坡上就行。它已经检查过了，这里有充足的阳光，而且沙土松软，挖起来非常省力。既然已经选好了地方，那剩下的事就好办了。十几只黄足飞蝗泥蜂很快飞到新房子所在地，准备干活。

　　大家的劳动积极性都很高，它们一边哼着歌，一边用前腿当耙子挖土。尽管一瞬间尘土飞扬，但大家是那么的开心，那歌声，仿佛成了它们互相激励的交响乐！于是，无论多么大的沙砾，在大家的共同努力下，都被一点一点地耙出来了，然后再扔到离房子很远的地方。如果不巧遇到一个很大的沙砾，几只黄足飞蝗泥蜂便大喝一声，同时用腿和大颚将沙砾抬起来，扔得远远的。

　　在大家的共同努力下，斜坡上很快就挖出了一个小洞，黄足飞蝗泥蜂钻进去试试，刚好容得下自己的身子。然后，它便在洞里干起来，不停地将身

前或身后的沙砾扔出去。

马上就有自己的新家了！黄足飞蝗泥蜂开心地在新房子里唱起歌来。即便如此，它仍然没耽误干活，它在洞中跳跃着，触角不停抽动着，以至于整个身体都激动得颤动起来。

为了安抚自己的同伴，黄足飞蝗泥蜂在洞里干了一会儿，就爬出来跟大家说说话，顺便抖掉身上的灰尘。然后，它再到房子的四周转悠转悠，看看还有什么要准备，接着再钻进洞中对自己的新房子进行修补。它将洞中那些凸凹不平的地方磨平，哪怕只有一粒沙影响了整个房间的平整，它也要小心地将其刮掉。

短短几个小时，房子就造好了，现在让我们来看看它的新家吧！

洞的入口是一个水平的门厅，它大约有70毫米深，天气不好的时候，黄足飞蝗泥蜂就躲在这里。在门厅的转弯处，有一个大约70毫米长的斜坡，尽头就是蜂房了。

蜂房既是存放食物地方，也是宝宝们生活的地方，所以建造得非常讲究。沙土被抹得很平整，也压得很结实，这是为了防止天花板或者墙壁上的粗糙沙粒刮伤宝宝们的嫩皮，也是为了防止坍塌。

一般一所房子会有三个蜂房，而黄足飞蝗泥蜂会有30个孩子，一个蜂房要放一个孩子，所以黄足飞蝗泥蜂至少要造10所房子，挖30个蜂房。这不，你很快就会发现，在第一个蜂房旁边，它又挖了两个蜂房。

三天之内，一所新房布置完毕，黄足飞蝗泥蜂又要忙着出去捕食蟋蟀了。30个孩子，它得准备多少只蟋蟀呀！所以，忙完这栋房子的事，黄足飞蝗泥蜂马上又飞出去觅食了。

房子被霸占了！

很快，黄足飞蝗泥蜂又捉到了一只蟋蟀。跟往常一样，它到自家门口的时候，先放下猎物，然后回家检查一下，确定没有危险，才返回来将蟋蟀拖进洞。

——这是经验，也是泥蜂们应有的警惕。

因为，对黄足飞蝗泥蜂来说，虽然它有无与伦比的麻醉术，有强有力的大颚，却不能保证自己不被敌人袭击。

有一次我发现一个不速之客掺和在造房子的黄足飞蝗泥蜂蜂群中。它镇静自如、不慌不忙地把沙粒、干草茎碎屑和其他小材料一件件搬运来堵住一个洞口。工作进行得非常认真，我开始还以为它就是这个窝的主人。这是一只黑色的步甲蜂，在黄足飞蝗泥蜂中间显得格格不入。一只动作显得惴惴不安的飞蝗泥蜂在旁边赶它，可是步甲蜂根本就不把飞蝗泥蜂放在眼里，仍然忙着堵洞。毫无疑问，步甲蜂的卵就埋在洞里，而飞蝗泥蜂却束手无策，听任自己的窝被抢走。

为了进一步证实我的想法，我挖开这个引起争议的窝，发现了一个装有四只蟋蟀作为口粮的蜂房。我立刻就确信了：这正是那只飞蝗泥蜂的家。四只蟋蟀远远超过了一只黑色步甲幼虫的食物需要，黑色步甲的个子至少要比黄足飞蝗泥蜂小一半啊！篡夺者步甲蜂真是太大胆了！

有了这样的教训，所以黄足飞蝗泥蜂无论遇到什么情况，在进家门之前，都要先进去检查一下，看自己的洞穴有没有被步甲蜂占领。往家里拖运食物的时候，也总是左看看，右看看，小心地检查，防止突然从哪里冒出一只步甲蜂，抢走自己的窝和食物。

超级房奴——朗格多克飞蝗泥蜂

朗格多克飞蝗泥蜂在盖房子方面与黄足飞蝗泥蜂不同，它们总是单打独斗，独立完成造房工程。它们的房子一般建造在隐秘的地方，如砂岩下、房檐下。这里除了隐秘，沙土也便于挖掘。当然，前提条件仍然是阳光充足。

朗格多克飞蝗泥蜂造房子的时候，首先伸出自己的大颚，将它当作挖土的铲子，然后举起额头上的跗节，在挖过的沙土中耙一耙。这样一边挖，一边耙，一会儿就挖好一个洞。

在造房子之前，它已经麻醉了一只距螽，所以它在造房子的同时，还要不停地去看那只被麻醉的距螽，防止它被抢走——虽然很麻烦，但它总不能拖着它到处寻找盖房子的地方吧？所以一般当它麻醉了一只距螽后，便将它放在一个明显的草丛里，方便以后寻找。

朗格多克飞蝗泥蜂是一种追求完美的虫子。当它的房子造好之后，它便去拖距螽。但有时候，走到一半，它突然想起房子的大门不够宽，很可能无法将这只距螽拖进去。于是，它马上丢下距螽，急急忙忙地跑回去，对自己的房子进行重新改造，又回来拖运距螽。走了几步，它突然又想起，蜂房也许不够平整，于是又丢下距螽，飞快地跑回家，用自己的"手臂"将天花板和墙壁粉刷一下，直到自己满意为止。

但是，在家整修房子的时候，朗格多克飞蝗泥蜂又担心放在外面的距螽被抢走，所以它不得不一会儿修房子，一会儿又钻出来，去查看一下自己的猎物是否还在。

由此可见，拥有一所房子，对朗格多克飞蝗泥蜂来说，是一件多么困难的事呀！

更何况，有些朗格多克飞蝗泥蜂的房子在屋脊下呢。这时候，它不得不

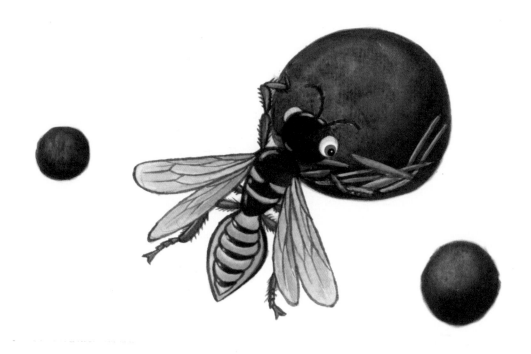

背着距螽，一步一步地向上攀缘，直到爬上屋脊。如果它的猎物不小心从屋
脊上掉下来，它就不得不马上下来，再次背着距螽攀缘。稍晚一会儿，说不
定距螽就被别人给捡走了呢！

　　哎！都是房子惹的祸！

高明的猎手

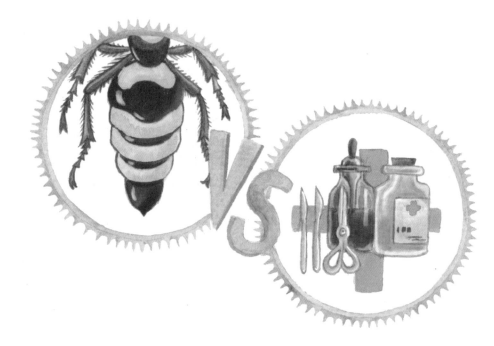

见识了这些高明的泥蜂"猎手"后，我进一步发现，节腹泥蜂和飞蝗泥蜂虽然各自有着对猎物不同的偏爱，但其背后都有令人信服的原因。

节腹泥蜂身材娇小，既没有黄足飞蝗泥蜂那样有力的后腿，也没有那样宽大的大颚，与和自己身材差不多的昆虫打架时很难占上风，所以它采取有效而巧妙的方法，刺入点只要一个，就能完成捕猎；飞蝗泥蜂强壮许多，因此它可以捕捉神经节相对分散一些的昆虫。

节腹泥蜂的捕猎过程，有时只需1秒钟。猎物还没反应过来发生了什么事，就一动不动地被俘虏了。如果你用大头针把一只象虫钉在木板上，它可能还会手舞足蹈地挣扎一番，可被节腹泥蜂就用毒针扎了一下，它就丝毫不能动弹了。

想想我们今天的医生，若想给病人进行麻醉，首先要取得麻醉师资格，这得通过一系列的考试，然后还要反复实践。在做麻醉手术的时候，他们还要准备麻醉剂、手术刀、消毒剂等一系列工具，然后才敢小心翼翼地为人做麻醉手术。与节腹泥蜂相比，人类的科学是多么的渺小！它只要用一根毒针，再给它几秒钟，就全部搞定了！

节腹泥蜂将猎物麻醉倒后，把猎物背朝地翻过来，然后跟猎物面对面、腹部贴着腹部，就像我们用双臂抱孩子一样，它就用自己双足抱起猎物，飞走了。

想象一下，一只小小的麻醉师，将猎物麻醉之后，勇敢地将它抱起来，像飞机运载东西一样，再将它运回去。高等生物中，好像也只有齐天大圣孙悟空才有这样的能力。

一切为了孩子

　　无论是节腹泥蜂，还是飞蝗泥蜂，它们都有引以为傲的麻醉术，既是出色的捕猎能手，又是出色的房子建造师。那么，它们为什么这么麻烦呢？难道它们没想过，只要在饥饿的时候逮住一只昆虫吃饱肚子就行吗？干吗还要费尽心思实施麻醉，确保食物的新鲜？这样它们还可以省去盖房子的麻烦，也不用担心步甲蜂抢占民宅了。

　　连猎物的神经系统在哪都研究得清清楚楚的它们，这时候怎么变得这么蠢呢？

　　亲爱的孩子，在你搞清楚这个问题之前，你不妨仔细观察一下，你敬爱的父母整天都在忙什么？妈妈下班之后随便在街上吃点儿饭不是更好吗，干吗还要赶回来为你做饭？难道爸爸不知道周末找朋友聚会更开心吗，为什么还要陪你到动物园，看那些他早已经不感兴趣的动物？难道妈妈不喜欢看肥皂剧吗，难道爸爸不喜欢玩游戏吗，他们又为什么陪你看那些在他们看来很幼稚的动画片？

　　现在你知道了吧！天下的父母都是一样的，都会将孩子的利益放在第一位。

节腹泥蜂和飞蝗泥蜂也是这样的父母：它们进行麻醉，是因为孩子喜欢吃新鲜的食物，不喜欢吃已经死去的吉丁或者蟋蟀；它们盖房子，是因为孩子必须有一个风不吹着、雨打不着的生活环境，更何况孩子们还需要一个专门存放食物的仓库呢！它们忍受着步甲蜂的欺负，就是担心步甲蜂伤害它们的孩子，所以宁愿被它夺去食物，夺去豪宅——自己再重新建一座就是了。

　　多么了不起的父母！一切为了孩子，它们甘愿忍受一切磨难，虽然辛苦，但很快乐！

快乐的童年

现在，让我们看看这些幸运的孩子，是怎样在父母的安排下快乐成长的。

黄足飞蝗泥蜂将蟋蟀放在蜂房，准备在它身上产卵。由于这庞大的蟋蟀还活着，身体上有些地方也多少保留着感觉和活动的能力，幼虫将来进食的时候，它可能还会因为疼痛而乱动，搞不好会将幼虫给甩掉呢！幼虫那么小，肯定会有生命危险。

为了避免这一点，聪明的母亲立刻就想出一个好办法：它直接将卵产在蟋蟀的胸部。因为这里是蟋蟀的神经中枢所在地，它已经被麻醉了，不会有疼痛的感觉，所以将来幼虫就可以放心地待在这里，首先进食这个部位的新鲜肉。另外，这个地方的肉相对柔软一些，不像别处的肉那么厚——幼虫可能会咬不动呢！

胸部的肉吃完了，幼虫也渐渐长大，有足够的力量保护自己了。而且在这时候，蟋蟀由于麻醉时间过长，四肢已经麻木了，所以也不大能乱动了，幼虫就可以放心地进食了。

　　所有的幼虫似乎天生都懂得，先从蟋蟀的胸部入手，然后掏空它的内脏。这个过程一般需要一周左右。过了这一周，它身上原来那层白色的皮就会蜕掉，从婴儿期进入童年。然后，它就开始寻找第二个好吃的地方。

　　第二处就是蟋蟀的腹部，这里的肉很嫩，汁水也很丰富。多么美味的食物呀！幼虫一边狼吞虎咽地吃，一边感谢父母为自己找来这么好吃的东西。很快，才12个小时，这个贪吃的小家伙便将蟋蟀的腹部也消灭了，蟋蟀的全身只剩下啃不动的外皮。

　　但幼虫也不是一个只知道吃饭的傻小子。它吃得太多了，也许你再送它一只蟋蟀，它也不想吃了，它只想拉便便！但这个小家伙也继承了父母的聪明，它不会轻易浪费自己的便便——结茧的时候，便便还大有用处呢！

　　很快，幼虫便勤快地在自己的小天地里忙活起来，不到两天，它就为自己制造出一个茧，然后美美地在里面休息。

　　吃吃睡睡的日子是多么美好呀！幼虫就这样度过了它快乐的童年。

茧

幼虫是一个天生的纺织能手。它巧妙地将房子造成三层。

第一层，也就是最外面的一层，是由带网格的粗纱织成的，它看起来像

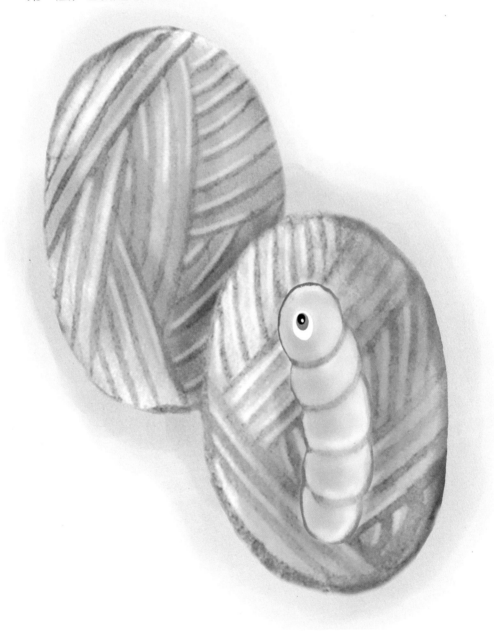

个圆柱形的钱袋。这一层是幼虫用来当"脚手架"的，所以胡乱织了一下。仔细观察的话，可能还能在纱网中看到幼虫吃剩下的蟋蟀的腿、脚什么的。外表虽然粗糙，其实里面装修得很漂亮的：淡棕色的细丝织成的茧壳，柔软而细腻，幼虫躺在里面，充满了朦胧美呢！

第二层像一个圆柱形塑料匣子，它是用淡红棕色丝织成的。上面圆圆的，是幼虫放头的地方。为了幼虫的安全考虑，整个"塑料匣子"被织得非常结实，不必担心它会碎掉。

第三层，是整个茧最了不起的地方。这层丝织得比柔软的褥子还软呢！这还不是最重要的，它还用了特制的清漆。这种材料建造的房子不会透水，所以不管外面下雨也好，土地受潮也好，幼虫的房间里总能保持温暖干燥。清漆是哪来的？呵呵，就是幼虫便便——幼虫极具天赋地将自己的"废物"完美地利用了。

幼虫将会在这所房子里度过9个月的美好时光。待它走出房间的时候，就会有一个完全不一样的面貌了！

幼虫躲在茧中的日子，谁也无法搞清楚它在里面发生了怎样的变化。唯一可以肯定的是，当它走出房子的那一刻，我们一定会看到一只像它父母那样漂亮的黄足飞蝗泥蜂。它也一定会继承父母那种神奇的麻醉术，然后巧妙地麻醉那些害人的蝗虫、蟋蟀，为美丽的大自然做出自己应有的贡献！

小贴士：飞蝗泥蜂的天敌

你知道吗？飞蝗泥蜂虽然敢于杀死身材比自己高大的蟋蟀，但当遇到神经系统很分散的昆虫时，它们矮小的身材便成了致命的短处，尤其是当它遇到修女螳螂或者蜥蜴的时候，这一点表现得尤为明显。

修女螳螂经常被人誉为崇拜上帝的忠实教徒，因为人们经常发现，它总是安静地站立着，头微微抬起，虔诚地仰望着天，前足微微弯曲，很像一个正在祈祷、凝神的修女。

但人们也往往容易被这副虚伪的外表所蒙骗，修女螳螂经常守在飞蝗泥蜂回家的路上。如果它只是抢夺飞蝗泥蜂的食物，这还只能是它发善心的时候。更多时候，它不但抢别人的劳动成果，还经常将劳动者一并杀死、吃掉，很多飞蝗泥蜂往往在归家途中被它屠杀。

当然，飞蝗泥蜂非常清楚这一点，它非常气愤修女螳螂的行为，所以即便打不过它，也要努力拼搏一番。因此，当它一看到修女螳螂赖在自己家门口，就放下手中的蟋蟀，勇敢地向修女螳螂冲过去，准备好好教训教训它，好

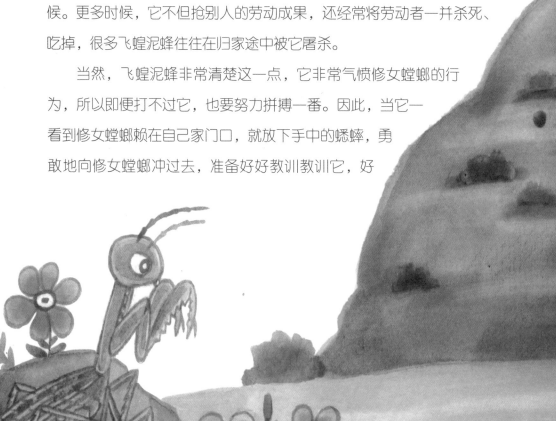

让它从此不敢这么无赖。但希望总是美好的，只要修女螳螂举起那双长满大锯齿的前臂，这种挑战就只能以失败告终。

一天，一只黄足飞蝗泥蜂拖着一只蟋蟀回家，在途中，它不幸地遇到一只修女螳螂。由于拖着食物，黄足飞蝗泥蜂无心恋战，便想尽量不惊动它，将食物拖回洞中。况且，修女螳螂看起来也是一副心不在焉的样子，好像仍然在向上帝祈祷，黄足飞蝗泥蜂便放心地继续赶路。

突然，这只修女螳螂像发神经一样，一下子就打开了那双大风帆似的长翅膀。这个动作把黄足飞蝗泥蜂吓了一跳，敌人似乎要有所动作了。果然，修女螳螂就像弹簧一样，那个一贯保持着向上天祈祷姿势的前臂，猛地一缩，就将黄足飞蝗泥蜂给夹起来了。它的前臂长满了锯齿，黄足飞蝗泥蜂被夹在中间痛苦极了。但更可怕的事接踵而来：那个虚伪的修女，毫不客气地张开大嘴，向黄足飞蝗泥蜂身上咬去。可怜的黄足飞蝗泥蜂根本无力招架，

还来不及运用自己那灵巧的毒针，就英勇就义了。

除了修女螳螂，蜥蜴也是飞蝗泥蜂的天敌。它知道阳光明媚的斜坡上就是黄足飞蝗泥蜂的家，所以总是躲在这个地方，一看到黄足飞蝗泥蜂走出家门，就突然袭击它，一点儿也不可怜它那些可能正嗷嗷待哺的飞蝗泥蜂幼虫，毫不留情地将它吃掉。

了不起的外科手术专家

——砂泥蜂

它比我们全家都厉害

最近，一种奇异的昆虫引起了我的注意，它会搬家，会解剖，有惊人的记忆力，有……总之有很多值得我大书特书一番的优秀品德，它就是砂泥蜂。

我已经抓到几只砂泥蜂了，为了更好地研究它，我现在必须为它找一些食物。我知道它最喜欢吃黄地老虎幼虫，于是特意跑到花园去寻找，但找了半天，一只黄地老虎幼虫都没找到，于是我又发动全家人一起到花园寻找。结果，大家在花园中忙碌了三个多小时，还是连一只黄地老虎幼虫也没找到。

黄地老虎幼虫隐藏得这么深，我们一家人花费了这么长时间都找不到，那么砂泥蜂是怎样寻找食物的？我不禁产生了这样的疑问。

一只身材纤细、体态轻盈、身穿黑色礼服的虫子从草丛中飞出来，我一眼就看到它肚子上的红色披巾，还有那根像细线一样的腹部。不会错的，这就是一只砂泥蜂，于是我就悄悄地跟着它，看它是怎样找到黄地老虎幼虫的。

只见它飞到地面上，一边用脚清扫着地面，一边用触角拍打地面，似乎在探索什么。它搜索得极其认真，无论是光秃秃的地，还是布满了碎石的地，它都仔细地清扫、探索。我这样观察了很久，也没见它找到一只黄地老虎幼虫。

我发现，它专门在地上有裂缝的地方寻找，并且坚持不懈地挖掘。但它的力量实在太小了，这块杏核大的土，它挖了一会儿，便不挖了，

继续寻找其他有裂缝的地方。但过了一会儿，它又回到这个地方，继续用力地挖。

难道它知道黄地老虎幼虫就藏在裂缝的下面？发现了这点，我决定帮帮它。于是，我用一把刀子，轻易就将这块地给挖开了。可是，我并没发现黄地老虎幼虫呀！我正准备离开，却发现砂泥蜂又回来了，在我挖过的那片地上，开始用自己的腿耙起来。它似乎在对我说："你这个笨蛋！还是让我来告诉你黄地老虎幼虫在哪里吧！"

于是，它耙哪个地方，我便在哪个地方用刀子挖掘，果然，很快就找到一只黄地老虎幼虫。然后，我又采取同样的办法，在砂泥蜂的指引下找到了四只黄地老虎幼虫。而我的四个家人，因为没有砂泥蜂的帮忙，虽然在花园里寻寻觅觅了几个小时，却一只黄地老虎幼虫也没找到。

打猎及庆功

现在，砂泥蜂与黄地老虎幼虫狭路相逢了。如果你看到这幅景象，你肯定会为砂泥蜂捏一把汗的。因为，黄地老虎幼虫又肥又胖，看起来比砂泥蜂大十几倍呢！

对手有如此健硕的身材，砂泥蜂该如何取胜呢？为了不漏掉任何一个细节，我趴在地上，饶有兴致地观察着。

只见砂泥蜂骑在幼虫的背上，用大颚的钩子，抓住幼虫的脖子。幼虫似乎很疼，不停地翻滚身子，臀部不停地摆来摆去。砂泥蜂一点儿也不害怕，只是站在那里，避免幼虫碰到自己。接着，它便伸出毒针，插入幼虫头部与胸部的关节处。

然后，砂泥蜂又咬住幼虫背部的皮，重新伸出毒针，在幼虫腹部第一节与第二节交接之间，又刺了一针。因为黄地老虎幼虫身上有很多节，砂泥蜂便从它的头部一点点向后退，分别刺中各个节的交接处。幼虫有多少节，它便刺几下，没有一节落下。

因此，它总共在幼虫有腿的三个胸体节、腹足的四个体节、后面两个无

腿的体节分别刺了一下，一共刺了九下。

战争似乎仍然没有结束。这时候，砂泥蜂又打开大颚的钩子，小心地咬着黄地老虎幼虫。一边咬，一边往下压，似乎看看它的猎物受到这样的攻击之后有什么反应。这样咬、压了一会儿，它似乎累了，于是停下来休息一会儿，再继续，一直压了二十几下，这才停手。

这时候，那只庞大的黄地老虎幼虫已经半蜷缩着身子躺在地上，再也不能动了。于是，砂泥蜂这就打算把它搬回家了。

哦！还有一处很精彩的地方我几乎忘了告诉大家。

砂泥蜂在第一次刺中幼虫之后，还暂时放掉了幼虫，自己趴在地上，跺跺脚，抖抖翅膀，弯弯触角，然后才敏捷地再次奔向幼虫。

开始的时候，我不知道这是什么意思，还以为砂泥蜂要死了呢！可是经过多次观察，我才知道，它就像我们人类得到想要的东西之后表示庆祝一样。因为它已经刺中了幼虫，刚才那一系列动作是它打猎胜利后高兴的举动，它在为自己庆功呢！

为了验证我这个想法，我又特意观察毛刺砂泥蜂的捕食过程。它在成功地刺了幼虫三下之后，就放开了幼虫，然后站在那里跺跺脚，抖抖自己的跗节，再抖抖自己的翅膀，还像我们敲鼓一样轻轻击打地面。做完这个奇怪的仪式之后，它才重新向猎物发起进攻。

　　多么可爱的生灵呀！它也知道打猎是一件很值得庆幸的事吗？以至于击倒面前这个庞然大物之后，它首先欣喜若狂地庆祝一番？我不由得对这个小生命产生了敬意。

再谈谈黄地老虎幼虫

我之所以对砂泥蜂产生敬意，并不仅仅是因为上述那些原因，还因为它又为我们人类消灭了一个坏蛋。

在做实验的过程中我发现，白天，黄地老虎幼虫总是躲在土下面，晚上，它们便偷偷钻出来，啃咬我为它们准备的生菜。事实上，它们白天躲起来并不是因为怕我的缘故，它们天生就是白天躲起来、晚上才出来活动的家伙。观察我们人类社会，只有坏人才会这样偷偷摸摸的。

通常，这些黄地老虎幼虫穿着淡灰色的外衣，白天躲在地穴中。晚上，趁农民朋友们不在的时候，便偷偷爬出来，钻进农田或者花园里，偷吃植物的根。无论是花儿，还是蔬菜，还是农田里其他庄稼，只要是对人类有好处

的植物，它统统都不放过，全部将它们的根给咬断。这些狡猾的坏蛋，做了坏事还要掩盖一下，不知道它是怎么做到只咬断植物的根却不使植物倒下的。通常，我们看到一棵植物病恹恹的，好像死掉了一样，就忍不住轻扯一下，这棵可怜的植物就被我们拔起来了——原来，它已经没有了根，根已经被黄地老虎幼虫给吃掉了。

想想看，美好的夜晚，静悄悄的，我们大家都睡下了，这些可恶的黄地老虎幼虫却干了一整夜的坏事，那么我们的菜地，庄稼，还有花儿，该蒙受多大的损失呀！而专吃这些坏蛋的砂泥蜂，又挽救了多少蔬菜、庄稼、花儿，这不是一件大大的好事吗！

所以，春天，万物开始生长的时候，我便特意向我的农民朋友们推荐了砂泥蜂，好让它帮助他们消灭那些专吃庄稼的害虫。我相信，它一定能拯救一个菜园子，或者一个花园的水仙花，使它们免遭黄地老虎幼虫的蹂躏。

搬运回家之难

一般人都不喜欢研究昆虫，他们也许会振振有词地讲："一只虫子有什么了不起，用手招一下，或者用脚踩一下，它们就死了，我实在看不出它们有什么值得敬佩的地方！"

可是我是十分了解昆虫的，我真想对他们说："如果你不了解它们的生活习惯，请不要对它们妄加指责！"

我所观察的每一种昆虫，都有值得我们敬仰的地方，砂泥蜂也是。

当它打猎归来，我发现，这只小小的猎手，正努力地搬运着体重大于它十几倍的幼虫。而且这个幼虫并没有死去，虽然全身的关节已经被麻醉了，但它的嘴仍然能动，它不停地张张合合，威胁前来搬运它的小小搬运工。

因此，砂泥蜂回去的路上困难重重，不得不一边吃力地搬着重物——砂泥蜂已经没力气抱着猎物飞回去了，一边防止幼虫大嘴的威胁，行动起来极不方便。于是，它不得不抓住幼虫的身体，一点一点地拖着走。

刚走了几步，前面就是荆棘丛生的树丛了，不甘束手就擒的幼虫逮到机会，便抓住、咬住一把细草不放。这样砂泥蜂就更难搬动它了，它只有用力，用力，再用力，直到将幼虫拉走。

一路上，幼虫不知道要这样捣乱多少次，砂泥蜂才能将它搬回家。但这还不是最麻烦的，最麻烦的是碰见蚂蚁，蚂蚁总是一大群跑来，抢夺砂泥蜂的猎物。

　　有一次，我就见到一只砂泥蜂好不容易将猎物搬到洞门口，先放下，然后回去收拾自己的家。可它返回来之后发现，已经跑来了一群蚂蚁，正争先恐后地搬运自己的猎物。它们有那么多只，砂泥蜂势单力薄很难将它们全部赶走。赶走一只，很快又来十只，根本就不可能赶走它们。它只得叹口气，摇摇头，重新去寻找猎物。

　　所以，一般情况下，砂泥蜂好容易搬回来一只幼虫之后，总是将它放得高高的，下面再垫一些草或者细树枝，让蚂蚁们够不着，然后才放心地收拾自己的房间。

它的家

砂泥蜂总是在找到猎物之后才收拾自己的房间。

砂泥蜂的窝，是一个垂直于地面的洞，就像一口井一样，大约有5厘米深。洞口大约有一根粗鹅毛管那么粗，井底就是它的蜂房，比洞口稍微大一些。

砂泥蜂的窝非常简单，它总是一会儿工夫就挖好一个。它在挖掘的过程中，总是安安静静、不慌不忙的，大颚就是它挖掘的"铲子"，前跗节就是它的耙，它总是一边挖，一边耙，好使得自己的窝更舒适一些。在挖掘的过程中如果遇到一颗较大的沙粒，砂泥蜂就竭尽全力地挖，以至于全身和翅膀都在抖动，我甚至能听到它奋力挖掘而引起的沙沙声。一会儿，它就倒着身子，用大颚咬着那颗沙粒重新回到地面上，将沙粒放在一边。

之所以倒着身子，是因为砂泥蜂的肉颈很细，不方便来回地掉转头，否则扭来扭去的，一不小心，也许会将细细的腹部给扭断。所以无论做什么，砂泥蜂们在转身时都是小心翼翼的，一般都是倒着走路，或者飞翔。

洞挖好了，砂泥蜂还会仔细地打扫洞口，将那些碍手碍脚的小沙子、小树枝什么的给扔掉，防止这些无用的东西不小心掉进窝里。但它一般都会选一个中意的小石子留在洞口，在它出去的时候，用这块小石子堵住洞口。等它找到猎物回来时，便简单收拾一下洞口，掀开那块小石子，然后将猎物放进去，在猎物身上产一个卵，然后爬出来，用附近的泥土堵住洞口，将洞口永远地封闭起来。

如果砂泥蜂挖掘洞穴和捕到猎物是同时进行的，那么它会将猎物放在自己的身边，然后才开始挖洞。它一边挖，一边不时地跑出来看看自己的猎物是否安好，是否被蚂蚁们搬走了。

四大发现

与节腹泥蜂的孩子一样，砂泥蜂的孩子也喜欢吃新鲜的虫子，所以砂泥蜂捕猎的方式也是实施麻醉术。只是它不仅仅是麻醉，里面甚至加入了一些解剖手术。

为了便于大家了解砂泥蜂的解剖手术，现在，我们以朱尔砂泥蜂为例，看看这项手术是怎样展开的。

朱尔砂泥蜂喜欢吃尺蠖，于是，我就逮了一只尺蠖，放到朱尔砂泥蜂面前。只见这个小猎手毫不迟疑地咬住尺蠖的脖子。尺蠖似乎被咬疼了，浑身上下不停地翻滚，朱尔砂泥蜂随着它的翻动，一会儿在上面，一会儿在下面。但很快，它便准备好毒针，由前至后，狠狠地在尺蠖前三枝节的交接处扎了三下。然后，像所有砂泥蜂一样，朱尔砂泥蜂暂时放下猎物，跺跺脚，抖抖翅膀，甚至翻了一个筋斗，为自己庆祝一下。然后，它又勇敢地冲向尺

蠖，依旧由前至后，在每一个体节处都扎了一下，甚至尾部的体节也没有放过——实际上，前三下刺中之后，尺蠖已经屈服了一半，我觉得朱尔砂泥蜂没必要在每个体节上都刺一下。现在，全身各个关节都被刺中的尺蠖已经被全部麻醉，一动不动了。

这个捕猎场面在砂泥蜂中太常见了，现在问题来了：

1. 为什么所有的砂泥蜂，首先都要选择前面，即脖子与第一体节的交接处实施麻醉手术？猎物的身体不停地扭动，难道这样它不怕猎物的尾巴扫到自己吗？

有了这样的疑问，我便做了一个实验。

我用一个细针尖扎黄地老虎幼虫的身体。我发现，扎第一个体节时，哪怕轻轻地扎一下，它就疼痛得厉害，不停地扭动身体。我又换了一只虫，扎最后几节，它似乎不那么疼，不怎么扭动，越往前移，越接近第一节，它的疼痛感越强，扭动得也就更厉害。

现在，我明白砂泥蜂为什么先扎前面的体节了。如果它先扎后面的体

节，幼虫几乎没有疼痛感，因此也没有被制服，它庞大的身躯，用来威胁砂泥蜂的大嘴巴，都是很大的威胁。相反，如果砂泥蜂首先制服了猎物最敏感的部位，基本上已经成功了一半，怪不得砂泥蜂们在前面几个体节上扎过之后，它要停下来庆祝一番呢！

与节腹泥蜂制服猎物所不同的是，砂泥蜂刺中对方之后并不罢手。因为它的猎物体型大得多，如尺蠖、量地虫、黄地老虎幼虫、夜蛾幼虫等，它们的身体也都很长，往往有很多体节，麻醉一两次很难彻底打倒猎物，所以必须多麻醉几次，最好将猎物的神经中枢全部麻醉。

2. 但是，它怎么知道长长的尺蠖或者量地虫们所有的神经中枢分布在什么地方？

我捉到一只夜蛾幼虫，发现它的身体有12个体节，这就意味着，砂泥蜂若想打倒它，可能要扎它12次。我对夜蛾幼虫进行解剖，发现它有12个神经节，分别位于腹部12个体节的中线上，像一排念珠似的排列着。

这是低等生物的特点，它们身上总是长着很多重复的器官，每个神经节影响一个体节的生命活动，每一个神经节还会慢慢影响相邻的体节。这样，即使一个体节受到伤害，其他完好无损的神经节依然维持正常的生命活动——这就是砂泥蜂为什么在每个神经节都刺一下的根本原因。否则，那些没受到伤害的体节，可能会使砂泥蜂幼虫将来吃食物的时候受到伤害。例如，如果最后一体节不麻醉，那么猎物的臀部依然很有力，当砂泥蜂的小幼虫在进食这个地方的时候，它很可能将砂泥蜂的小幼虫撞到墙壁上摔碎。

你瞧！砂泥蜂不但清楚地知道猎物最敏感的部位，还清楚猎物所有神经节的准确位置，甚至想到这些地方可能会为自己孩子带来什么样的伤害，因此在捕猎的过程中，已经将潜在威胁——消除。

3. 我还发现，无论哪种砂泥蜂，这样将猎物从头到尾麻醉一遍之后，还要用自己的大颚对猎物头部进行咬、压，似乎是在检查猎物有没有被完全制服，却不用自己的毒针扎。

后来我才明白，原来在运输的过程中，猎物总是张着大嘴威胁这个小小的搬运者，或者在遇到有草、树枝的地方，紧咬着不放，增加搬运工作的难度。砂泥蜂这样咬、压的目的，是为了彻底使猎物失去反抗能力。但又不会用毒针刺这个地方，因为头部的神经受到破坏之后，这只猎物就死了，而砂泥蜂幼虫最爱吃新鲜的肉。

4. 最令人称奇的是，有一次，我发现一只毛刺砂泥蜂正在捕猎一只舟蛾幼虫。这只虫子的长相是多么奇怪呀！我实在不相信，砂泥蜂也会将它当作猎物。于是我从这只毛刺砂泥蜂手中抢过猎物，对舟蛾幼虫进行研究。最终发现，舟蛾幼虫与夜蛾幼虫、黄地老虎幼虫、量地虫等一样，神经节也分布在每个体节上，并且无一例外，已经全部被那只毛刺砂泥蜂给麻醉过了！

由此可见，无论在我们看来外形相差多么大的幼虫，只要它们的内部结构是一样的，即肉鲜美可口、神经节分散、易于被分别制服，那么它们就全是砂泥蜂的捕猎对象。砂泥蜂也会采取同样的进攻方式，最终将体形比它们大很多的猎物给完全制服。

天生的专家

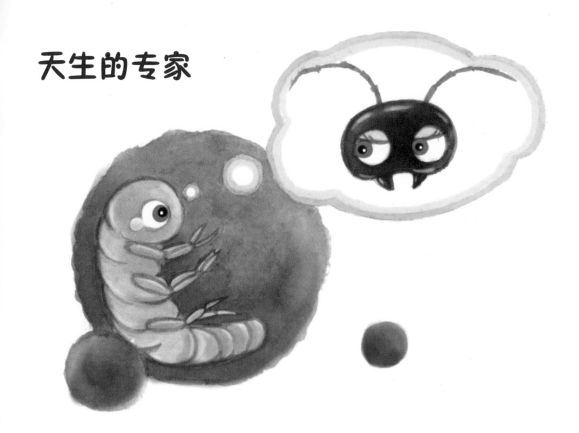

　　上述四个重大发现，每一个发现都令我激动，并不仅仅因为这小小的砂泥蜂有如此让人刮目相看的能力，更可贵的是，它们无师自通，天生就知道这些搏斗技巧。

　　与大多数昆虫一样，砂泥蜂将卵产在猎物身上之后，就将洞口封闭了。到冬天的时候，它就死去了。也就是说，当它的孩子还是一个卵的时候，还是一个什么都不懂的孩子时，它们母子便永别了。砂泥蜂妈妈没有机会教导自己的孩子认识猎物、怎样利用毒针捕捉猎物，更不可能告诉它猎物的神经节都长在哪里。但是我发现，每一只砂泥蜂，最初来到这个世界之后，都无师自通地知道要吃量地虫、尺蠖，甚至舟蛾幼虫，都知道用自己的毒针分别刺中猎物的各个神经节，与它们的母亲一样有跺脚、抖动翅膀的庆功仪式，最后甚至都知道要拍压猎物的头部，使它不打扰自己的搬运，或者将来伤害自己的孩子——这所有的行为，并没有任何人告诉它。它是怎么知道的？

谁也没办法解释，唯一可以解释的就是本能，是遗传。我们都知道，小孩子刚出生的时候，可以什么都不会，但肯定都会吃奶。即使没有任何人教他，只要将乳头放在他的嘴里，他就知道吸吮，而不是傻傻地含在嘴里，什么都不做。

因此可以说，"吃"是人的本能，那么"捕猎"就是砂泥蜂的本能，可以无师自通。

但生物进化论支持者可能不会同意我这个观点，他们认为这是生物进化的结果。也许进化论会这样认为：很久很久以前，一只砂泥蜂无意中发现了一种高明的捕猎手段，即上面我所讲到的那些外科手术过程，从此便采用这种手段进行捕猎，并将这些方法遗传给了自己的后代，于是这种捕猎方法便一代代传下来了。至于这些没被遗传到的孩子、没学会捕猎技术的孩子，只有自认倒霉，准备饿死。这就是"物竞天择，适者生存"的生物进化观点。

可只要稍加思考，我们就发现这种观点是站不住脚的。一只黄地老虎幼虫有九个体节，身上有几百个部位。而砂泥蜂必须要刺中它身上九个神经节，才能最终将它制服。那么，第一只砂泥蜂，试验了多少次，才能刚好将毒针不偏不斜地插入这九个神经节呢？它"无意中"发现这种制服敌人的方

法的概率也太小了吧！这种概率几乎等于零，它不可能"偶然"发现这种高明的捕猎手段的。

进化论支持者可能又说，这些本领不是一下子就学会的，而是一代一代砂泥蜂在漫长的时间内，不断地学习、琢磨，慢慢掌握的。这个更不可能！

我们现在已经知道，砂泥蜂必须给自己的孩子带回去一份活的而且是不能动的食物。要做到这一点，必须麻醉猎物所有的神经节，哪怕有一个神经节没被麻醉，它的孩子就可能遭到猎物的伤害。所以，这种对所有神经节进行麻醉的捕猎手段，必须是一下子就学会的，不可能通过漫长的进化而逐步掌握，否则砂泥蜂早就绝种了。

况且，砂泥蜂刺的部位还不能是别的什么地方，必须是神经节。这更需要绝对的了解，不可能通过偶然的、慢慢地发现，否则很可能被身材庞大的黄地老虎幼虫、夜蛾幼虫给咬死，也就更不可能有后代并将此捕猎方法遗传下去了。

至于为什么每一代砂泥蜂在没有母亲传授的情况下就知道捕猎手段，没有其他更好的解释，只能是"本能"，就像我们人类天生就知道"吃"一样，不需要任何人教导。这就是本能的强大之处。

四种砂泥蜂

上述我所讲的那些能力，应该说所有砂泥蜂天生就有，这是生物进化论者"优胜劣汰"法则所不能解释的。我的这些研究成果，就是通过对四种砂泥蜂不断研究得来的。

我现在简单介绍一下这四种砂泥蜂，它们分别是毛刺砂泥蜂、柔丝砂泥蜂、沙地砂泥蜂、银色砂泥蜂。它们的共同之处，除了精湛的外科手术，还有长相。

它们的长相很相似，最大的特征就是肉颈细长。柔丝砂泥蜂更细，以至于它们翻转身子的时候，不得不掉转整个身子，甚至倒着走，否则就会扭断身子。最可怜的是柔丝砂泥蜂那么细的"细线"的另一端连着像梨子那样大的腹部，很难想象，那根细细的"线"是怎样拖着大大的腹部，而又保持不断的。也许，一旦遇到危险，柔丝砂泥蜂不是被猎物所害，而是因自己翻身而扭断腹部，送了自己的命。

这四种砂泥蜂也有不同的地方。如柔丝砂泥蜂喜欢吃细细长长而又小小的量地虫，因为相对于其他砂泥蜂，它的体型是最小的。这也就决定了它的窝中不能只放一只猎物，而是层叠着放四五只量地虫或者其他小虫，因为猎物太小了，一只不够孩子吃。其他三种砂泥蜂，无论是毛刺砂泥蜂，还是沙地砂泥蜂、银色砂泥蜂，每个窝中都只放一只猎物，只是它们的猎物要大一些，我曾见过一只沙地砂泥蜂捕捉了一只比它大14倍的猎物。它们对猎物的要求也不高，只要是夜蛾的幼虫就行，尤其喜欢黄地老虎幼虫。

此外，它们的窝也有不同之处。沙地砂泥蜂和银色砂泥蜂出去的时候，喜欢找个小石子将自己的窝暂时堵起来，但毛刺砂泥蜂和柔丝砂泥蜂似乎不是这样的。毛刺砂泥蜂总是先抓到猎物，然后就近挖一个洞，直接产一个卵，然后便永久性地将洞给堵死。柔丝砂泥蜂不用石头暂时堵起来，是因为它一个窝中要放好几只小虫子，它不得不一次次地回窝，将猎物全部放进去之后，再产卵，封锁洞口。如果每出去一次就堵一次，"关一次门"，这也太麻烦了。

总之，每种砂泥蜂都选择了一套适合自己的生存方式，这就是大自然的神奇之处。

它是怎么知道的？

我还记得，我们全家人在花园里忙了三个小时，都没找到一只黄地老虎幼虫。但是，我跟着一只砂泥蜂走，一下子就找到了四只。实际上，后来只要我需要幼虫，就会放一只砂泥蜂，然后跟着它的寻找路线，最后总能找到幼虫。而且它指引给我的地方，在我看来，跟别的地方没有任何不同，但事实却证明里面就躺着黄地老虎幼虫。

你一定很奇怪，为什么我们全家五个人，五个高级动物，竟然比不上一只砂泥蜂，它能轻易找到我们大家都找不到的东西。为此，我特意研究了这个问题，试图找到答案。

也许是它的触角在起作用吧，我最初是这么想的。因为我发现，如果发现缝隙，砂泥蜂就将触角伸进去搜索一番。但是我很快发现这个推测是错误的，因为黄地老虎幼虫躺在泥土里，它根本没力气将这块土给掀起来，触角怎么可能隔着土探测到里面有猎物呢？

于是我又想到嗅觉，因为自然界中很多昆虫就是靠嗅觉找到猎物的，如

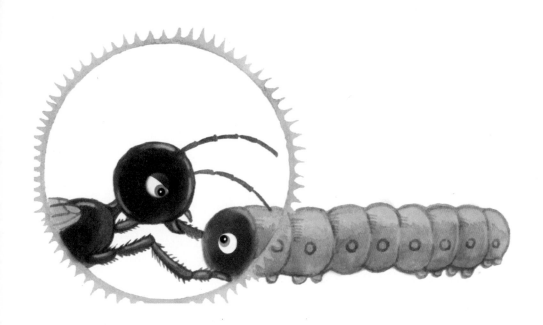

圣甲虫，它们总是先闻到粪便的气味，然后循着气味直奔食物所在地。可是，如果砂泥蜂是因为闻到黄地老虎幼虫的气味才找到它的话，那么砂泥蜂的嗅觉器官藏在哪里呢？而且，只有食物先有气味，嗅觉才会发生作用，也就是说它是一种被动的器官。但是，为什么砂泥蜂寻找食物的时候，还要不停地、主动地用触角去探索呢？闻到食物的气味直接奔过去不就行了！干吗还要小心地触摸？而且，我还特意找了一些对气味敏感的人，让他们闻闻黄地老虎幼虫的气味，大家一致认为它没有什么气味。狗对气味虽然灵敏，但只是比我们闻得远，我们的鼻子离黄地老虎幼虫那么近，也没闻到它的气味，显然它是不会散发特殊气味的，砂泥蜂不可能根据气味找到它。

难道砂泥蜂听到黄地老虎幼虫在地下搞什么活动，因而找到了它？这就更不可能了呀！且不说黄地老虎幼虫躺在地底下声音很小，隔着土地，怎么可能被砂泥蜂找到？此外，黄地老虎幼虫总是晚上才出来活动，白天总是躺在自己的窝里一动不动，砂泥蜂怎么可能因为听到它的动静而找到它呢？

现在，视觉、触觉、嗅觉、听觉全被排除了，我依旧没找到砂泥蜂发现猎物的原因。唯一可以肯定的是，触角是引路的，就像盲人的拐杖，但却不是发现猎物的根本器官。

但是，问题又来了，触觉不能听，不能闻，还有什么用呢，难道仅仅是引路吗？另外，砂泥蜂究竟怎样发现地底下有猎物呢？我仍然不知道，也许将来有一天我会找到答案，但对此我没有一点儿信心。

砂泥蜂也许在说：你们人类多么愚蠢呀，只知道用自己已有的知识来研究万物，把你们的想法加在我们身上，认为我们的行为无非就是听觉、嗅觉、视觉、触觉这些。但你们从来没想过，我们有一些很特别的能力，根本不在这些感觉之内，你们却一点儿都不知道。我就是不告诉你我是怎样感觉到黄地老虎幼虫的！

"候虫"

有一次天快下雨的时候，我登上海拔1800米高的万杜山，在一块青石板下面发现了几百只毛刺砂泥蜂——而我所知道的砂泥蜂，总是孤零零一只虫，从来都不是团体活动。

令我惊异的不止这一点。其他砂泥蜂和膜翅目类昆虫，一般都是在六七月份从卵变成虫，然后到了八、九、十月份才捕食、挖窝。而毛刺砂泥蜂在三四月份就开始挖窝，足足比它们的同伴们提前了半年。

毛刺砂泥蜂为什么会有这两种奇怪的行为？这两者之间有什么联系吗？我很想知道这些问题的答案。

我首先研究第二个问题。对于它们的提前挖窝问题，我是这样想的：也许它们就是今年才出生的昆虫，只是比它们的同伴早了几个月而已。可是这样一来又有了新的问题：如果说三四月份时它们已经由卵变成虫，那么它们至少在二月份的时候，就已经从茧中出来了。而这是不可能的，这还是冬天，它们是不可能在寒冷干燥的条件下变成蛹的，即使变成了蛹，外面还很冷，它们也不愿意离开温暖的窝。

合理的解释只有一个，那就是，三四月份就出现的毛刺砂泥蜂并不是今年的昆虫，而是去年的。一般昆虫过完十月份就冻死了，但它们没有冻死，活过了寒冷的冬天，所以春天一到它们就出来了。而这时候，其他昆虫的卵还在地下，经过蛹、羽化的过程，要到六七月份才能出来活动。

你别以为上面的解释只是我一厢情愿的推论，事实上，我也找到事实根据了。冬天，我在朝阳的土坡上、沙坡上，仔细地探察、寻找，还真找到了毛刺砂泥蜂。它们或者一个，或者四五个，正躺在阳光照射的温暖地方休息，似乎正闲居在家，一心一意地等待春天的到来。但是，如果试图寻找节腹泥蜂、大头泥蜂或者其他膜翅目昆虫，你会发现，不管多么保暖的窝，也找不到它们的踪影。它们已经全部冻死了，只有它们的幼虫还躺在地底下等待来年夏天。

第二个问题解释清楚了，现在再回过头来看第一个问题。

刚开始我是这样想的，那几百只毛刺砂泥蜂可能躲在万杜山上过冬，但我很快就推翻了这个想法。这里海拔高，一年四季都很冷，毛刺砂泥蜂是绝对不会在这里过冬的，只能是路过而已。

那么，它们从哪里来，要到哪里去？

这时候我想到那些候鸟们，它们总是九十月份便向暖和的南方飞去。我所见到那几百只毛刺砂泥蜂，可能也是正在南迁。冬天就要来了，它们翻山越岭跑到南方，冬天过去之后，它们又成群结队地回到故乡。那几百只毛刺砂泥蜂，就来自北边寒冷的德龙省。它们之所以能够度过寒冷的冬天而不被冻死，根本原因就是它们像鸟一样懂得迁徙，它们是一群"候虫"。

惊人的记忆力

砂泥蜂另一个令我感到意外的地方，是它们惊人的记忆力。

也许你会说，蜜蜂的记忆也很好，总能回到它的蜂箱，胡蜂也总是能回到自己的家。那只不过因为它们的窝总是在固定的地点，走多了自然就记得了，砂泥蜂与它们不同。砂泥蜂们总是什么时候想要产卵了，或者找到猎物了，才会有一个新窝，它们走到哪里，便在哪里挖一个窝。对这个临时寻找的地点，它总能准确无误地回去。

我曾见过一只砂泥蜂，它傍晚的时候才开始挖窝，但没挖好，天就黑了，它就找了一个小石头，先把窝堵住，然后就先离开了。第二天，它又来到这个地方，继续挖窝。这漫长的一夜，它走了多少地方，在多少花朵上驻足，但第二天，它仍然能准确无误地来到自己盖了一半的住所，好像它的房子天生就在那个地方，这条路线它已经走了几千遍。

我曾经跟随一只砂泥蜂行走，画出了它的路线。这是一条非常乱的路线，没有一点规则，这条线上有弧线，有锐角，有辐射线，非常复杂，而且经常打结、交叉。总之，你看到这个路线图，你肯定认为这是一个无论怎样走也走不出去的迷宫。更何况，它再次回去的时候，一般还要拖着沉重的猎物，谁敢想象它带着猎物原路返回它仅仅走过一次的路呢？可它确实做到了！

但是我呢，如果我第二天要想找到那个有小石头标记的窝，必须用很专业的地理学知识做份笔记，并画一个草图才行。

现在来看看，砂泥蜂怎样拖着沉重的猎物找到回家的路。

它的路线非常复杂，所以它先放下猎物，试着往前走几步。如果感觉不对，便返回，重新选择一个方向走。如果感觉对了，它会继续走几步——天知道它究竟是怎么感觉出来！不管有没有走对路线，它都会走一会儿便回来看看，检查一下自己的食物是否被别人偷走。如果路线对了，它会拖着食物继续上路；如果不对，便反复探索，直到找到回家的路。它就是这样一点一点将食物拖回家的。

小贴士：砂泥蜂的难题

你知道吗，砂泥蜂虽然是益虫，但却很难为人类所用，人们并不能像养蜜蜂那样将它们养起来。因为它们经常迁徙，而且飞行很快，很难受制于人。况且，它也不像蜜蜂那样群居，它的窝也是不固定的，它走到哪里，便挖到哪里，谁也不能用一个窝拴住它。它总是独自到处飞行，想飞哪里就飞哪里，谁也无法约束它。

可是，当黄地老虎幼虫咬断水仙花的根时，当夜蛾幼虫危害农作物时，当舟蛾幼虫危害果树时，我们就会想到请砂泥蜂来帮忙，它们比农药更能杀死这些害虫。对农民来说，它们更经济，更环保。

可惜的是，我们并不能将希望完全寄托在砂泥蜂上。

一方面，是因为它们自由自在，无法被管束；另一方面，砂泥蜂的数量总是与黄地老虎幼虫的数量差不多。如果我们想要人工养殖砂泥蜂，首先就要为它们提供数量相当的黄地老虎幼虫，因为砂泥蜂没有了这种食物，很快就会饿死。但是，我们的初衷是为了消灭这些害虫，不可能主动养殖它，结果害虫少了，砂泥蜂也少了。

所以现在就出现了矛盾：如果人们想要利用砂泥蜂，便要先容许黄地老虎幼虫为非作歹，危害庄稼，只有这样砂泥蜂们才能发挥作用。可是如果消灭黄了地老虎幼虫，那也会间接消灭砂泥蜂，因为它们没有了食物吃，也会饿死很多。

　　也就是说，黄地老虎幼虫多了，砂泥蜂的家族就旺盛了；黄地老虎幼虫被消灭了，砂泥蜂的后代便都饿死了。它们两者的兴盛和衰亡，总是一致的，这就是益虫和害虫之间永恒的规律。

　　因此，砂泥蜂虽然对于人类有可利用价值，但又不能被完全利用。所以当我向农民朋友们推荐砂泥蜂时，并未得到重视。

一只泥蜂的悲喜人生

"沙漠" 中的秘密

砂泥蜂捕捉毛虫，飞蝗泥蜂捕捉直翅目昆虫，节腹泥蜂捕捉鞘翅目昆虫，而还有一些泥蜂喜欢双翅目昆虫，譬如，尾蛆蝇、蚜蝇、蜂虻等。它们的体积都比较小，因而幼虫的食物数量必大。在我观察的泥蜂窝中，幼虫以双翅目昆虫为食的泥蜂有：橄榄树泥蜂、大眼泥蜂、跗节泥蜂、朱尔泥蜂、铁爪泥蜂、带齿泥蜂。

一只泥蜂抱着一只蝇回来了，这是它今天为孩子安排的食物。它的孩子正等着喂食呢！它仔细观察，终于找出了一块特别的沙地，然后，它便在这里停了下来。

泥蜂有一排很有力的纤毛，是它们挖掘地下室的最好工具。这只泥蜂一边用这些纤毛挖沙子，一边用前脚耙、扫多余的沙子，不停地向前走。那些沙子便在它的肚子下面、从它的后腿中穿过。它的劳动充满乐趣，动作轻快，10分钟不到，它便在这个地方挖了一个通道，多余的沙子在窝的附近堆积成一条优美的弧线。

泥蜂的窝跟其他昆虫的窝是很不同的。它的窝口向来都用沙子堵住，什么时候需要回去了，它就重新挖掉堵在门口的沙子——就是上述它做的那些工

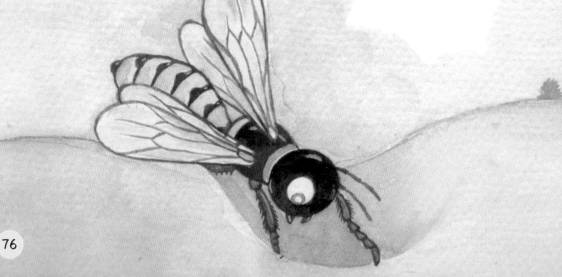

作。实际上这是它每次回家之前必不可少的劳动，而它一点也不觉得费事。

　　它继续往前走，马上就要深入到沙子底下了。这里有着更惊奇的场面。它头顶着沙子一路走进去，上面的沙子便随着它的前进而不停地塌下来。它越走越快，沙子也就随着它的脚步越塌越快，不知道的人还以为有一只滚地龙在地底下活动呢！

　　这样做的直接后果就是，它刚开辟的通道很快就被沙子堵上了——这正是它想要的结果，目的就是防止敌人发现它的窝，打扰孩子们的生长。哪怕它从窝里出来的时候，不得不重新开辟新的通道，这也是没办法的事。为了安全，勤快一点儿总没坏处，是吧？

　　它将蝇送给孩子之后，又重新挖了一条通道，破沙而出。为了日后不必要的麻烦，它将洞门口的树叶、木屑、小石子什么的，都认真地拣出来，扔得远远的，于是洞口只剩下沙子，与整个大地融为一体。最后它再用自己的腿将这里耙得平平整整的，不留下任何标记。因此，这里除了它之外，任何人都不可能知道它的窝隐藏在什么地方。

　　泥蜂忙完了这些，并没有离去。因为它的孩子正在里面吃饭，它还要像个警察一样，在窝的四周好好观察一下，看看还有什么危险。当然，警戒的工作是比较枯燥的，所以它会不时地跟花儿交流一下，索取一些花蜜喝。如果阳光充足的话，它还会躺在沙地上打几个滚，日子真是快乐极了。

它很勇敢

在窝边晒太阳享乐的时候毕竟比较少，泥蜂最主要的工作，跟天下所有虫妈妈一样，就是为幼虫寻找食物。它喂完一个孩子，想到另外一个窝中的孩子也该换食了，看看这个窝暂时没有危险了，便立即动身为另外一个孩子寻找食物。

泥蜂的孩子最喜欢吃蝇类，比如苍蝇、麻蝇、食蚜蝇、花粉蝇等。某些泥蜂，如朱尔泥蜂、铁色泥蜂还喜欢吃虻。总之，大家口味差不多。

刚出生后不久的泥蜂，消化能力还比较弱，泥蜂妈妈为它送去柔软的小飞蝇。出生后已经有一段日子的小泥蜂会得到一些较大的食物。

我追寻着一只找食的泥蜂，它在离窝不远的地方四处搜索，很快，它发现了一只蜂虻。跟以往一样，它打算速战速决。没等蜂虻明白过来怎么回事，泥蜂就突然飞到蜂虻面前，首先将蜂虻的翅膀给斯烂，然后一下子跺断它的腿。蜂虻仍然试图逃走，泥蜂便毫不留情地扭断了它的脖子。简直像秋风扫落叶一样无情。

喜欢蝇类的泥蜂用这种捕食方式是有科学依据的：

一、那些小飞蝇、苍蝇、麻蝇、食蚜蝇之类的小虫子，根本没什么体液，而它的飞行速度又是那么快。如果它采取了其他泥蜂的麻醉术，那么还没回到家，它们便在路途中被风吹干了，这样，孩子就很难下咽。况且，它的窝都在沙子中，很能吸水，这些小猎物放在窝中不久就干化了。

二、虽然它飞得很快，可是那些狡猾的小猎物也飞得很快，甚至比它飞得还要快。它很难像节腹泥蜂那样面对面麻醉敌人，也许它还没走到跟前，小猎物们就狡猾地飞走了呢。所以，为了防止敌人逃走，它根本没时间使出它的毒针，只有依靠蛮力，拳打脚踢地制服敌人。因此比起节腹泥蜂，它敢骄傲地说，它更勇敢、更有本领！

它与众不同

　　我观察的这只泥蜂很快在另一块沙地找到另一只窝，将蜂虻送给等在那里的孩子，然后准备为第三个孩子寻找食物。

　　为什么它要隔一段时间为孩子送一次食物呢？为什么不像黄足飞蝗泥蜂那样，一次性地为孩子准备足够的食物呢？这样跑来跑去多么麻烦。

　　首先我要声明的是，泥蜂妈妈不怕麻烦。它每次只为孩子准备一只食

物，等它吃完了，再送第二只。它曾有过为一个孩子送60次食物的记录，如果不是这个孩子被人掳走了，它可能还要再送20次！而且，越到最后，孩子们的食量越大，为它们送饭的间隔时间也就越短，根本就没有晒太阳和娱乐的时候，只能不停地为它们送饭。

所以，请不要质疑泥蜂的勤劳，它一点儿也不怕麻烦，这一点可以从它每回一次家就挖一次通道的事情上看出来。

存在即合理，泥蜂之所以如此辛苦地不断为孩子准备食物，原因有二：

第一，它是一个非常称职的母亲。

它认为，那些一股脑将食物堆放在孩子面前的行为是不负责任的表现。因为孩子们那么小，它们怎么知道应该先吃哪个，哪个才是符合它这个年龄段的食物？就像人类的妈妈一样，孩子小的时候给他们喂奶，稍微大一点儿给他们吃粥，再大一点儿才吃馒头、面包什么的。而泥蜂给孩子们的食谱也是非常科学的。例如，刚刚出生的孩子，饭量小，消化能力弱，它就为它们准备小飞蝇；再大一点儿，就可以吃大一点儿的蜂虻了。但是，如果将一只小飞蝇和一只蜂虻同时摆在孩子面前，孩子如果先吃难以消化的蜂虻该怎么办？或者，贪吃的孩子，一下子吃完了两只虫子，撑着了怎么办？所以，泥蜂妈妈一定要为孩子们的每次进食负责，为它们列一个完美菜单。

第二，它一定要确保孩子们的食物都是十分新鲜的。

因为它不是对孩子们的食物实行麻醉术，而是将猎物打死，拖回来给孩子吃。如果它一次性打死很多，全部拖到窝里。孩子们一下子吃不完，时间久了，那些食物不就变质、发臭了吗？所以宁愿辛苦一点儿，也不能让孩子们吃那些已经变质的食物。

总之，喜欢捕食蝇类的泥蜂真的是与众不同！

可耻的入侵者

捕捉蝇类的泥蜂辛勤地一趟趟给幼虫喂食。而对它们来说，最大的危险不是来自于猎物，而是回家时遭遇弥寄蝇。一旦猎物来到家门口时，泥蜂看见有弥寄蝇不怀好意地等在门口，就会变得迟疑不决，一会儿盘旋着不敢进家门，一会儿降落，接着逃走，表现得非常焦虑。

这些弥寄蝇，实际上是一种可耻的寄生虫。如果泥蜂妈妈进窝之前没有发现它们，直接抱着蝇类回家了，它们会趁它不注意，飞快地在它的猎物中产卵，将它辛辛苦苦为孩子们准备的食物，变成自己孩子的食物。而它们自己却一点儿也不劳动，世世代代就是这样靠抢夺别人的劳动果实而生存的。世上还有这么不讲理的虫吗？

难道泥蜂的孩子争夺不过它们吗？它们的体型看起来要比泥蜂小呀！

这正是悲剧的所在！虽然泥蜂的孩子是这些食物的合法主人。但是寄生

虫们总有一套它们自己的生存本领，那就是——弥寄蝇的孩子比泥蜂的孩子长得快！它们不但会抢夺泥蜂孩子们的食物，而且越吃越强壮，可怜的泥蜂宝宝最后可能会被活生生地饿死。更可怕的是，如果到最后食物不够了，这群强盗不但不感激泥蜂宝宝的宽容，还会毫不客气地将它杀掉！

所以，泥蜂不得不忍受着屈辱，将本该只属于它的孩子的食物，宽容地分给这些寄生虫吃。

但这样仍然不是解决问题的最好方法。举个例子来说，泥蜂一个窝中有一个孩子，但寄生虫们就有十几只，它们一个比一个贪吃！这样，原本它准备一只食物就足够它孩子吃了，但多了这些侵略者，它至少得准备十几只食物！

更可耻的是，那些可恶的入侵者，在分享原本属于泥蜂孩子的食物时，表现得脸不红，心不跳，好像在吃自己的母亲准备的食物一样，狼吞虎咽，一点也不觉得着耻。结果造成了泥蜂的孩子营养不良，即便勉强长大，最终也会因为没有丝料织茧而无法成蛹，夭折了。

无耻的跟踪者

泥蜂妈妈当然也想摆脱这些弥寄蝇。

它知道它们会一直守在它的窝边，就试图悄没声息地回家。当它看到它们等得不耐烦了，就悄悄地垂直飞下来，慢慢走近大门口。

可是它还是被发现了。于是弥寄蝇们一窝蜂地向它飞来。它们有的近，有的远，全部跟在泥蜂身后，呈直线形排列。

泥蜂想尽快甩掉这群可恶的家伙，就拐个弯飞。寄生虫们竟然也可耻地拐个弯飞，仍旧排列成一排直线，在它后面紧追不舍。它故意停下来，它们也停下来；它飞慢一些，它们也飞慢一些；它飞快，它们也飞快。总之，它们就在它身后保持一定的距离，它怎样做，它们也怎样做，从外表看起来，泥蜂简直就是它们的领头！真是让人哭笑不得！

泥蜂被它们追得不耐烦了，便在沙地上歇一会儿，它们也在它附近停下来。泥蜂一边愤怒地大叫，一边重新起飞，这些死皮赖脸的家伙果然又跟着它重新飞起来。

泥蜂实在没办法，索性就飞得远一些，做出不想回家的样子。这是它另一个新的计划，它打算把它们带到远处，胡乱绕几圈，一直将它们绕迷路，然后再自己飞回家。

可是它飞了一会儿，回头一看，这次它们却没有跟过来。它悄悄地返回去，发现它们仍然在它的窝边徘徊，不肯中计。而且它一返回去，无论动作多么轻，总会被发现。结果，它们又呈直线形地在它屁股后面跟着飞。之前的一幕再重复上演，弄得泥蜂一点儿办法都没有。

泥蜂气得扔下手中的彩色食蚜蝇，希望侵略者们拿到猎物之后就快些走掉。可对于它甘愿放弃的食物，它们一点儿也不稀罕，是的，这群可耻的弥寄蝇就是要泥蜂"带回家中"的那只猎物，目的就是为了让它们的孩子在泥蜂的窝中生活、生长。

　　泥蜂实在无奈，只好带着猎物回家了。

　　在它带着猎物钻进沙子，埋头开辟通道的时候，这群入侵者便争先恐后地在它的猎物中产卵。由于它的头部已经进入沙子了，难以再退回，只有无奈地带着那只已经被它们侵犯过的食物回家，将这群侵略者的后代带到它孩子的面前，大家凑合着过算了。

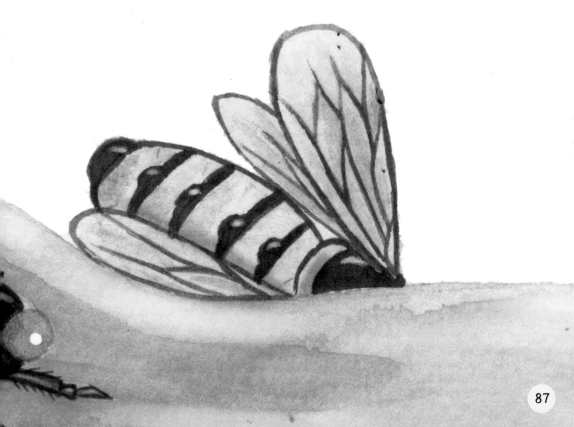

它们的关系就是这么奇怪

观察了泥蜂的行为，疑问油然而生：既然它知道寄生虫们会在它的窝中为非作歹，为什么还宽容地对待那些侵略者？它本身就是专门捕食像弥寄蝇这样的双翅目昆虫的，为什么还将自己的猎物让给它们吃，甚至自己的孩子也被它们杀掉呢？它这样毫无原则地宽容，究竟是为什么？

以泥蜂的能力，它完全能够打败弥寄蝇们。这正是弥寄蝇只敢在泥蜂的窝边徘徊，而不敢跟泥蜂决斗的原因。而它们若轻易进入泥蜂窝中，就死定了——更加无法逃脱。

但是，弥寄蝇并不跟泥蜂战斗，而是在它的食物中搞破坏，泥蜂就防不胜防了，因此，它悄悄将卵产在泥蜂给孩子们的食物中。

接下来的疑问是，为什么泥蜂不能在窝中杀死寄生虫的孩子？

这涉及自然界更加复杂而奇妙的现象：布谷鸟总是将自己的蛋放到莺的鸟巢中。当小布谷鸟跟小莺一起孵化之后，小布谷鸟便将小莺们推出巢外摔死，独自享受莺妈妈的母爱。即使它不把这些小莺推出去，为了得到莺妈妈更多的喂食机会，小布谷鸟会很大声地叫，表示自己饿得要命，莺妈妈便会首先喂养这个入侵者。

可以说，那些寄生的动物，不但不会受到被寄生妈妈的迫害，反而会得到很好的照顾。像泥蜂这样宽容的母亲，大自然中有很多。

总之，泥蜂确实很讨厌这些寄生者，讨厌那些尾随着它搞破坏的弥寄蝇。但对于它们的孩子，那些想要饿死、杀死它自己孩子的可恶小家伙，泥蜂又会主动提供食物给它们。它们的关系就是这么复杂，这么奇怪，也许只有大自然神奇的生存规律才能解释。

产卵与永别

在产卵这方面，捕捉蝇类的泥蜂与节腹泥蜂们是差不多的，也是将卵产在猎物的胸部。因为这里的肉最嫩，泥蜂宝宝出生后不久，只能吃这些容易消化的食物才能健康地成长。

这类泥蜂在新窝产下一个卵之后便离开了。再过24个小时，小家伙就会孵化，它一眼便会看到妈妈为它准备的新鲜食物。在此后的八九天之内都可以不用管它——因为它太小了，即便只为它准备一只猎物，它也要昼夜不停地吃八九天呢！最好照顾的便是刚生下来的孩子了。

然后，泥蜂妈妈又去另外一个窝，见另外一个孩子最后一面。

为了保持食物的新鲜，它每次只为一个孩子带一只猎物，等它吃完了，再给它带去一只新的。你也许会问：它这样不停地为它找食，一直要找到什么时候呢？

这是一个很容易回答的问题：直到它们不想吃为止！

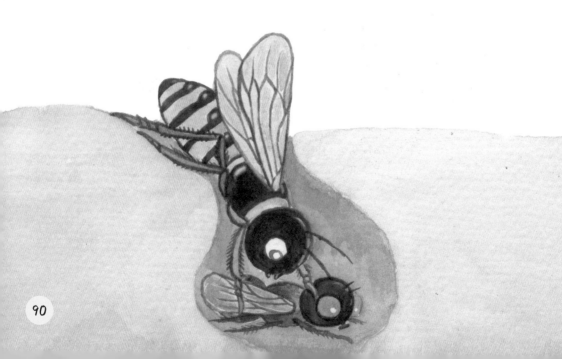

　　泥蜂的孩子虽然确实很贪吃，它会躺在食物中不停地吃，把自己养得胖乎乎的。但它也知道心疼自己的母亲，当它长大了，吃得浑身圆鼓鼓了，它就不再吃饭。就像人们将筷子放下表示不吃饭了一样，泥蜂的孩子会躺在食物的断爪或者残翅上，这就表示它不再吃饭了。

　　这样，泥蜂妈妈就知道这个孩子要变成一只蛹了，不需要食物了。于是它封闭洞口，此生永远不会再与它见面。

　　所有的泥蜂妈妈，世世代代都是这样做的。

美好的少年时代

    泥蜂妈妈最后一次给泥蜂喂食之后，就恋恋不舍地离开了，于是泥蜂宝宝便独自在窝中继续生活。

    那时候泥蜂宝宝已经长大了，知道该为自己织茧了。

    泥蜂妈妈忙于为所有的泥蜂宝宝喂食，因此它们的窝就造得马马虎虎，很容易受潮。泥蜂宝宝似乎天生就能考虑到这一点，造蛹室的时候会将所有的沙砾聚拢在一起，用丝将这些沙砾织在一起，这样蛹室就能既牢固又防潮。

    说干就干。小幼虫首先蹲在那里拉便便，将食物残渣拉到身体四周，然后再推到蜂房——这里它已经提前打扫干净了。它首先在蜂房的墙壁上钉上它最喜欢的白丝线，然后将它们织成一个蜘蛛网一样的纬纱。

    之后，它将两堵墙壁之间的白丝线拉在一起，做成一个舒适的吊床。这些丝线织成的床，既高雅，又漂亮。现在，床的一端开了一个大圆口，另一端封闭成尖状的"大口袋"，就像渔夫所用的那种捕鱼网一样。最后，口袋的进口处还有几条漂亮的丝线，使得这个大圆口完美地撑起来，从而，小幼虫就可以钻进这个美丽而舒适的床里。

    而工作远没有完呢！它趴在圆口边，从外边取些沙进来，将这些沙子均匀地铺在床上。再挑选一些漂亮的沙粒，将它们一粒一粒粘在天花板上。

为了保证天花板上的沙粒不落下来砸着它的头，它又拉了一些黏性比较强的丝，然后将用丝将这些沙粒牢牢地固定住。

整个房子都粘好了，现在，到了最后、最关键的时刻了，那就是想办法封锁它的床头的那个大圆口。它准备了很多很多沙，将它们全部堆积在床头，之后用丝，就像人们用丝穿珠子一样，一粒一粒将这些沙子织上去，做成一个大网，接下来将这张大网与床头的丝一点一点缝合起来，彻底将自己密封在里面。

小幼虫又仔细地检查了房间的每个角落，将那些粗糙的沙子拣下来，换上精细的沙子，这样不容易刺伤皮肤。最终，它又拉了一些清漆涂料，将房间粉刷了一番。

现在，它的房子终于造好了，也装修完了。整个蛹室亮晶晶的，那些美女头上戴的散发着光芒的大珍珠，也不过如此。小幼虫多么了不起呀，竟然用沙子和丝织成这样一件杰出的艺术品，这不是一件非常值得骄傲的事情吗？而且，它还是防潮的哦！

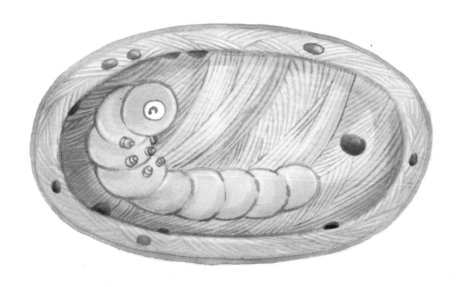

最引以为傲的地方

泥蜂会制造漂亮的蛹室，非常勤劳，非常勇敢，而这些都只是泥蜂的一些闪光点，却不是它最让人敬佩的地方。

泥蜂最值得骄傲的地方，就是惊人的记忆力！无论它的窝看起来跟周围的沙地多么相似，它总能准确地找到窝门口。即便我故意捣乱，故意用什么东西挡住它的大门，它也总能准确无误地找到大门，并通过挖沙子绕过那些故意迷惑它的障碍物。

泥蜂的窝隐藏在茫茫沙地之间，它的表面跟别的沙地没有任何不同。况且，为了回窝方便，它总是将自己门口收拾得干干净净，所以它的窝也没有任何标记。

我为了研究泥蜂，曾仔细地观察它的窝。为了准确记住窝的位置，我还特意在它的大门口做了一个标记。但是，当它下次来的时候，我却连自己的

标记也找不到了——因为泥蜂的窝太普通了，普通得根本看不出来它与整个沙地有什么区别。于是我苦恼地在它的房子附近徘徊了很久。

最后，我反复找了好多次，才终于找到我的标记。我将泥蜂赶得远远的，防止它偷看，然后故意找来一块石头，将它的窝门口给挡住。

结果，它一眼就看到自己的窝门，毫不犹豫地向那块石头所在的地方飞去，准备去掉这块石头——但它又不是愚蠢地去搬动这块石头，而是只挖窝门口那一块地方。即使隔着石头，它的火眼金睛，依然能准确无误地找到家门口。

我还不死心，以为它的窝肯定能散发什么气味，它就是通过这种气味找到家的。于是，我又继续恶作剧，捡来一堆臭粪，然后在窝的周围，撒了0.25平方米、厚30多毫米的臭粪。

这次我又错了！那只泥蜂飞起来，四处观望了一番，很快就找到了窝门口，然后停下来，踩在那堆可恶的臭粪上，对着家门口的沙子就开始挖，准备开辟一条通道回家。

　　既然气味也不能难倒它，难道是触角的作用？我把它捉住，残忍地将它的触角连根切断。

　　然后，将它扔得远远的，远离它的家门口。

　　这只泥蜂忍着钻心的剧痛，凭着它惊人的记忆力，毅然决然地向着家的

方向飞去，并准确无误地停在家门口，挖开沙子，顺利回到家中。

　　我又接连四次把它赶得远远的，要么改变它家门口的颜色，要么在它家附近放上有特别气味的东西，要么故意为它设置障碍物。但这些统统不能阻碍它回家的脚步，它每次都能准确无误地找到家门口，顺利地开辟通道，带着猎物回到家中。

它……晕了

这次，我索性将它的家拆了！

我硬生生地将它的屋顶给掀了下来，只保留了回家的通道——依旧把它赶得远远的。

这次，它依然准确无误地找到家的所在地。发现大门不见了，它显得很焦虑，那可是它回家的必经之路呀！

它只知道家大概在这个地方，但是不见了门。难道门被什么东西给覆盖了吗？它疯狂地在沙中挖，试图将它的大门给挖出来。

可是，无论它怎么挖，也没有见到家门。它一边挖沙子，一边用腿打扫。来来回回在这里找了二十多遍，它就是找不到回家的必经之路——门！

于是它又掉转方向，在这附近继续挖。不久，它挖到了泥土，而不是沙！肯定错了。它又返回去，在它觉得正确的地方，继续翻找它的门。

它看见前面有一条通道，而不是先前它所熟悉的巷道——巷道上面是有屋顶的，所以每次它会像滚地龙一样一路挖着沙子回家。

除了通道，眼前的一切都跟它的家很相似，一样的前庭，一样的卧室，一样的蜂房，甚至蜂房里躺着的孩子，跟它的孩子也都一模一样。

但这不是最重要的，它一定要先找到回家的门。因为根据我的习惯，它一定要先找到门，只有找到门了，它才能进窝，只有进窝了，它才能找到它的孩子，给孩子喂食。因此"门"对它来说具有重要意义！

它确信家就在附近，所以在这附近不停地找，不停地挖沙，这样忙活了一个多小时，仍然没有找到通向回家的门。

眼前的通道里突然散发出一种经常闻到的气味，那是小飞蝇的香味。它犹豫不决，但食物的香味实在太诱人了。它慢慢地沿着通道向前走，一边走，一边闻，一边寻找通向回家的大门。慢慢地，它就走到通道的尽头，它看见一个泥蜂幼虫正躺在那里，因为上面没有屋顶，被火辣辣的太阳晒得乱扭身子。

这是谁家的孩子，怎么没人管？泥蜂在自己的孩子面前只迟疑了一会儿，就继续挖沙，继续找回家的门。已经到了通道的尽头了，它仍旧继续挖沙。而眼前泥蜂幼虫挡住它的路，还嗷嗷地乱叫，向它示威呢！

这时我惊讶地看到泥蜂一脚将自己的孩子踢开了——窝中的孩子还等着它快些回家喂食呢！

谁知，这个泥蜂幼虫竟然爬到它的腿边，想咬它呢！它拼命地挣扎，终于挣脱了幼虫的大嘴，快速逃走了。

火辣辣的太阳烤着它，它不管；旁边谁家的泥蜂幼虫正痛苦地等待母亲的喂食，它不管；出汗了，口渴了，累了，太阳下山了，月亮升起来了，它统统不管，它只是不停地挖沙，再挖沙，直到将它的大门挖出来为止……渐渐地，它已经累得直不起腰了，最后就这么累死了。

小·贴士：泥蜂的伟大与愚蠢

你知道吗？泥蜂虽然具有很好的记忆力，总能在我们看来没什么不同的沙地上找到自己窝。但是，它这种记忆力却有着致命的缺陷。

那就是，泥蜂做什么事情都是按部就班的。

即，找到回家的大门→走过通道→来到孩子面前→喂食。

这些过程，必须一步一步来，顺序不能变，哪一个环节都不能缺失。也就是说，它若想回家给孩子喂食，必须要找到家的那个大门，然后才会走过通道。

如果找不到这个大门，哪怕孩子就在它面前，通道就在它面前，它也不去理会，一定要固执地先找到大门，然后才穿过大门，走过通道，来到孩子面前。这是一个一连串的记忆顺序。一旦哪个环节丢失了，它就会发疯似的寻找。如果找不到，它就会不停地挖沙寻找，一直到累死！

难道它不认识自己的孩子吗？

不认识，它只认识门！

它的记忆是连成串的，只有先认识回家的大门，它才会接着认识回家的通道，然后才认识通道尽头的孩子。一旦这个记忆顺序被打破，后面的东西它就认不出来了。这就好比计算机的识别程序，一定要一个一个来，不能直接越到后面，否则程序就启动不起来。

所以，当我拿掉泥蜂窝的房顶，破坏了回家的大门，泥蜂就表现出令人震惊的愚蠢来：面对熟悉的家园，它迟迟不肯进去，只是寻找那个早已被破坏的大门。最后即使在食物的诱导下勉强来到孩子的面前，它却表现出一个母亲不该有的冷漠，残忍地踢开自己的孩子，任凭它在太阳底下曝晒，哪怕晒死！

更令人奇怪的是，幼虫似乎也不认识自己的母亲。当发现母亲对自己做出不友好的举动时，甚至要爬过去咬它、吃它，它就像吃小飞蝇一样张开有

力的大颚，直到将自己的母亲给吓走。

  一方面，无论受到什么挫折，泥蜂总能准确无误地找到自己的家，这是令人称奇的地方；另一方面，只要它回家的过程稍微有变动，它不但达不到"回家为孩子喂食"的根本目的，还会将自己累死，将自己的孩子活活饿死、晒死。

  这就是泥蜂，聪明得令人顶礼膜拜，愚蠢得令人心痛。两种素质如此矛盾，却又如此奇怪地融合在同一种生灵身上，这就是大自然的奇妙之处。

自由胡蜂

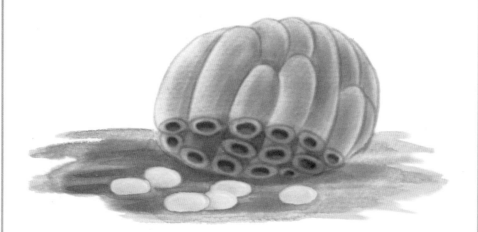

"养父"的失败

我经常研究昆虫、喂养昆虫，所以时常将外面的昆虫窝搬到自己家中，以便每天观察昆虫的成长。我认为自己是昆虫的"养父"，因为我不但能成功地人工喂养昆虫，而且对于昆虫的卵，不管它们多么娇嫩、脆弱，我也能小心翼翼、不使它受伤害地搬回家。

可这一次，当我准备将一个胡蜂窝搬回去的时候，却遭到了失败。被我搬回家的胡蜂卵，不管我多么小心翼翼地搬运，它们总是很快就死了。我总结原因，认为可能是在搬房子的时候，不小心碰掉一块泥土，也许卵正是被泥土给砸伤了；也可能是外面的阳光太强烈，一下子刺伤了幼虫幼嫩的肌肤；还可能是外面的空气太干燥了，卵一下子不适应，因而受伤了。可是，当我尽力小心翼翼地避开这些干扰因素之后，胡蜂卵只要被我搬回家，不久仍然会死掉。

究竟是为什么呢？唯一可以确定的是，我在搬房子的时候，肯定使幼小的卵受到了伤害。

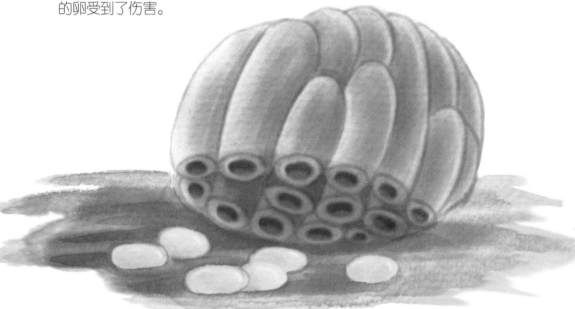

灵光一闪，我突然想到，胡蜂窝里那些猎物也许正是杀害胡蜂卵的原因。根据我的经验，它们都还活着，只是暂时被麻醉了而已，但身体局部还是能动的。想到这里，我便仔细检查胡蜂窝中的猎物。

它们有十几只之多，它们的大颚还会一张一合地乱咬，也许还会咬死胡蜂卵；它们的臀部还能卷起来再伸直，我用针尖碰它们一下，它们后半部分身体还会像抽鞭子一样抽过来，也许会将胡蜂卵卷起来狠狠地摔在墙壁上。很明显，它们对于小小的胡蜂卵来说，还是充满威胁的。

别的昆虫，如节腹泥蜂、泥蜂等，总是将卵产在猎物不能动的地方，这样就可以保证孩子既吃到新鲜的食物，又不会被猎物伤害。可是胡蜂的猎物，显然麻醉程度很低，它们基本上都是正常的活物，它们的嘴、身体、腿都还是有力的武器，只要胡蜂卵一开始咬它们，它们肯定会挣扎，稍微一动便把胡蜂卵抖落掉，十几只猎物很容易伤害这样一个毫无还手之力的胡蜂卵。很显然，卵肯定不能产在猎物身上。

胡蜂妈妈要将卵产在什么地方才能确保孩子的安全呢？

我急切想了解这个问题，于是不管太阳多么晒人，仍然千方百计出去

找胡蜂窝。这次我又找到了一个胡蜂窝。我学聪明了，没有直接将胡蜂窝搬走，而是待在原地，小心翼翼地用我随身带的小刀和镊子，将它的窝挖了一个窗口，然后透过窗口偷偷观察里面的情况。

我想任何人也猜不出来，卵是由几根像蜘蛛网那么细的丝线给挂在屋顶上的，卵就产在半空中！风一吹，卵就随着丝线不停地摇呀摇，像一个摇摆时钟。

这个奇妙的"摇摆时钟"，还有什么令人惊奇的事要告诉我们吗？

小小 "登山手"

　　由于胡蜂的窝就造在坚硬的石头上，很难在保证卵安全的前提下将窝搬走，所以，我只能透过这个小窗户，从头到尾地观察它的饮食经过。

　　也许你们还不知道，胡蜂就喜欢炎热的地方，总是将窝安置在毒辣辣的太阳底下。为了观察这个奇妙的"摇摆时钟"，我长时间忍受着夏日太阳的曝晒，总算皇天不负有心人，最后得到的回报还算丰厚。

　　胡蜂卵已经孵化了，成为一只小幼虫。幼虫的尾部垂直悬挂在屋顶上，丝线的下方又接了一根像丝带一样的线，这条悬挂线因此变得更长了——后来我才知道，这根像丝带一样的线，实际上是幼虫孵化时剩下的卵壳，这个小家伙用力将它拉长了！

现在，它头朝下，找到一只猎物软乎乎的肚子，正准备进食。我想看看它是怎样逃避危险的，于是就恶作剧地用麦秸秆碰了一下那个猎物，猎物马上手脚乱动起来。幼虫赶紧逃跑。它是怎么逃的呢？原来那个卵壳实际上是一个套子，幼虫很快躲到这个套子里面，然后像登山运动员那样，后退着迅速上升到屋顶上去，猎物就再也碰不着它了。等下面没有动静之后，幼虫又悄悄地从套子上滑下来，头朝下再次准备进食，而它的尾部，就勾在上面，随时准备撤离。

谁教给了它这样逃跑的本领？不知道，但它确实巧妙地保护了自己，而且通过一次次不断的下来进食，它填饱了肚子，也长大了。

至于长大了的幼虫，一方面由于丝线太细，承受不起它的重量了，另一方面，它也有能力保护自己了，于是我又看到，幼虫从屋顶上下来之后索性将卵壳扔到一边，勇敢地走到那堆乱动的食物中间，毫无顾忌地大吃大喝起来。而那些张牙舞爪的猎物们，由于很长时间不吃不喝地困着，已经变得很虚弱了。一方面是自身力量的不断强大，一方面是敌人力量的不断削弱，幼虫自然再也不用担心会受到伤害了。

现在，我终于明白为什么我搬回家的胡蜂窝，里面的卵过不久就死

了。就是因为胡蜂卵有这根救生绳吊着，而这根救生绳又是那么细，稍不注意就会被弄断。而我寻找幼虫或者寻找它猎物的时候，总是习惯性地直接打开它的屋顶，以便满足自己的好奇心，这样恰好弄断那根丝线，使胡蜂卵掉在猎物中间，以它们张牙舞爪的个性，肯定会毫不留情地杀死这个手无缚鸡之力的孩子。

哎！没想到我的不理智给胡蜂卵带来这么大的伤害，胡蜂妈妈在这方面就比我理智多了，我不由得对它的智慧产生了敬意。

新的问题

是不是所有的胡蜂幼虫都是这样优秀的"登山手"呢？为了得出一条具有普遍性意义的结论，我决定再观察一下其他胡蜂卵。

蜾蠃是胡蜂的一种，而它的窝不是建造在石头上，所以搬动起来相对容易一些——前提是确保那根细丝不会被我碰断。于是，当我找到一个蜾蠃窝的时候，我就小心翼翼地将窝连同周围的土块一起挖出来。那些可能会伤害到幼虫的张牙舞爪者，我也一只一只拿出来。现在，我将这个只悬挂着一颗蜾蠃卵的蜂房，小心翼翼地放在一个下面垫了棉絮的大管子里，然后静悄悄地为它搬家。

可是，它的救命绳太细了，细得只有借助放大镜才能看见，我稍微不注意就可能会碰断它。所以我很小心、很小心地拿着我的战利品，唯恐细线被我碰断，唯恐卵随着线左摇右摆碰到墙壁而摔坏。然后，我像个木偶一样僵硬着身子小心地走路，大气也不敢出，唯恐我的疏忽给蜾蠃卵带来灾难。

最让我担心的是，在回家的途中遇到熟人，这样我就不得不跟他说说话、握握手什么的；我还担心我的狗会跟路上的狗打架，它向来喜欢这样，那我就不得不制止它——可我即便认真地走路也不见得能将蜾蠃卵安全地运送回家，更何况遇到令我分心的事呢！

还好，一路上没遇到熟人，也没遇到其他的狗，蜾蠃卵在我的悉心照顾下依然安好，那根丝线依然还吊着它，我终于平安地将它运送到我的家里。于是隔了一天，蜾蠃卵就孵化了，变成一只黄色的幼虫。它像我看到那只"登山手"一样，也是尾部挂在线上，头朝下，正准备吃食物。如果下面的猎物乱动起来，它就沿着线迅速撤离，待下面平静下来之后，它再下来吃。这样反复地下来和上去，在24小时之内，它竟然也吃掉了一只猎物。

现在，这只小幼虫似乎长大了一些了，它有一段时间停止进食，似乎正在蜕皮。啊！现在它确实长大了，已经不需要绳子了，它直接来到猎物中间，准备肆无忌惮地进食。

但是我发现，已经被麻醉了一天的猎物，仍然很有活力，依然张牙舞爪地威胁幼虫。它现在该怎样保护自己呢？我在接下来的研究中找到了答案。

可敬的母亲（一）

　　别的昆虫，总是先找到猎物，再产卵，直接将卵产在猎物身上，我没想过胡蜂还有什么奇特的产卵方法。

　　但是有一天我竟然发现，胡蜂的好几个蜂房，食物还没放进来，可是卵已经在屋顶上左摇右摆了！还有的蜂房，虽然不是这样孤零零的一个卵，但下面只有两三只猎物——而一只胡蜂幼虫正常的食量是十几只猎物。

　　很明显，胡蜂的妈妈总是先产卵，再一只一只往里面放食物。为什么与其他昆虫不一样呢？等我搞清楚这个问题之后，我不由得对胡蜂家族更敬佩了。

　　我曾看过雷沃米尔用玻璃蜂房做的实验，他只是在实验记录里简单地交代：胡蜂的卵生在洞底。但就是这一句话，里面其实蕴含着深刻的道理，只是他没有发现而已。

　　应该是这样的：卵生在洞底，蜂房的尽头，所以蜂房必须是空的，而不能像其他昆虫那样将卵产在猎物的身上，胡蜂妈妈是先把卵产下来了。接着，胡蜂妈妈才开始往蜂房里一只一只放猎物，一直放到门口，够胡蜂幼虫吃了，然后再像其他昆虫一样封锁洞口。

　　现在说说猎物，它们是一只一只被摆到胡蜂幼虫面前的，是有先后顺序的。先摆进来的，是最先捕猎的，也是待在胡蜂窝里最久的，长久地被困着、饿着的，它最先衰弱，对幼虫最没有危险。而靠近门口最后被放进去的猎物，由于饿的时间、困的时间都很短，都还充满力气，能够张牙舞爪地威胁幼虫，所以放在最后面，离幼虫的距离最远。

　　这样，幼虫就首先吃面前那只已经衰弱很久的猎物，等它吃多了，长大

了，身体强壮了，再吃那些靠近门口的猎物。门口的猎物这时候也会由于困了很久而虚弱，而幼虫身体又逐渐强壮，所以再也不用担心它们张牙舞爪的威胁，可以放心进食了。

上面只是我的推论，但我很快就找到了证据。

我养的那只蜾蠃幼虫，从屋顶上下来之后，首先吃的就是最先被放进来的那两三只猎物，因为它们饿得最久，最没有危险。

可敬的母亲（二）

雷沃米尔还在实验记录里这样写道："猎物有8～12只，它们都蜷缩着身体，一层一层叠放在洞口，不能动。"我也看到了类似的现象，猎物总是蜷缩着身体，一个叠着一个。

现在我来解释它们为什么被这样摆放着。

首先，这些猎物都有蜷缩着身子的习惯，它们不活动时候总是保持着这副蜷缩的样子。所以我看到，蜾蠃幼虫的食物，总是将自己蜷成手镯状的小虫子。

然后就是空间的计算。为了防止这些猎物滚到幼虫面前，伤害幼虫，胡蜂妈妈所造的蜂房宽度，总是与猎物蜷缩着身体时的长度一致。这样即使猎物要伸直身子捣乱，它也没有多余的空间，因为房间太窄了，它只能蜷缩着，撑着蜂房的墙壁。

所以这些猎物们，除非被幼虫自己扒拉到面前食用，它们没有能力乱动。而且最有能力乱动的，总是被安排在洞口离幼虫距离最远的地方；中间的那些虽然有危险，但房子就是按照它们的身体长度做的，它们没法移动；幼虫面前的那一只，总是危险性最小的，它可以放心大胆地食用。它就这样一路吃过去，直到吃光所有猎物，长大成蛹。

这就是蜾蠃妈妈的第二个高明之处：储存食物的地方是经过计算的。

靠近门口的地方，就是专门储存猎物的仓库，这个地方是狭窄的圆柱形，直径只有4毫米。猎物就在这里蜷缩着身体，一只压着一只紧紧靠在一起，一直堆放到幼虫面前。

在靠近洞底的地方，是幼虫的所在地。为了便于幼虫活动，这里的空间更大一些，不再是狭窄的圆柱形，而是扩大成蛋形，直径达10毫米。

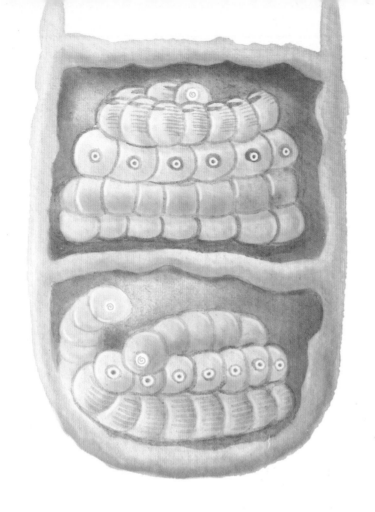

　　这样，幼虫每次进食的时候，直接将面前那只猎物扒拉到自己面前，既方便食用，又不必担心其他猎物的捣乱，因为它们被卡在仓库里，掉不下来。

　　现在总结胡蜂妈妈的高明之处：

　　因为猎物被麻醉得不彻底，对幼虫具有很大的危险，所以卵不能产在它们身上，必须与幼虫保持一定的距离。有的胡蜂，如黑胡蜂，它就将卵产在空中，然后为孩子准备一条逃生的丝线，方便它随时进食，随时逃命。有的胡蜂，如一部分蜾蠃，将卵产在洞的最底部，然后在孩子卧室边特意打造一个狭窄的仓库，将食物由里到外，按照一只比一只更危险的顺序，一直叠加到洞口，方便孩子从下到上一只只进食已经失去危险的食物，直至最终长大成蛹。

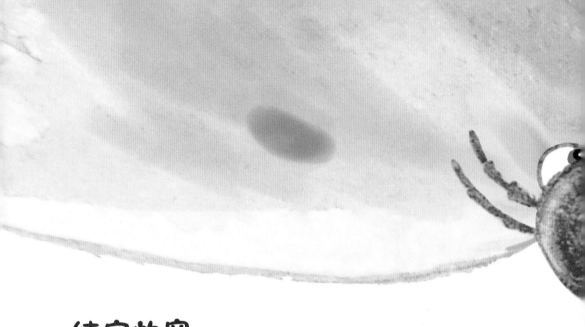

结实的窝

　　既然刚刚谈到胡蜂妈妈在造窝方面的智慧，我就这个话题再谈得深入一些，因为这里面确实包含着很大的学问。

　　无论是阿美德黑胡蜂，还是点形黑胡蜂，它们都是建筑方面的天才，它们的窝总是令其他昆虫自愧不如。为了对比方便，先让我们看看其他昆虫的窝：一个洞穴，一道粗糙不堪的走廊，最里面就是一个同样简单的蜂房，它们只是用自己的腿和大颚挖泥土，马马虎虎挖一个窝出来，从来没想过成为一个真正的泥瓦匠，为自己垒一个结实一点儿的窝。

　　胡蜂从来就不会这么凑合，不管它们将窝建在岩石上，还是建在摇摇晃晃的树枝上，还是建在墙上或者窗户下，窝的组成材料总是灰浆和砌石，它会一点一点用这些东西将窝垒起来。阿尔卑斯螺赢，甚至还学会用树脂和砾石建造房子，这些材料建造的房子当然更坚固。

　　阿美德黑胡蜂的窝一般垒在岩石上，它会首先在岩石上垒砌一层厚约

3毫米的环形墙。墙的材料是石灰和小石子，这些都来自于人类修筑的道路，阿美德黑胡蜂也跟石蜂一样专门来这里采集一流的水泥，然后挑选一些符合建造房子标准的砾石，将这些砾石粘在石灰中，便做成了坚固的墙。当然，墙的内部要平整，防止小石子刮伤幼虫娇嫩的皮肤。

墙垒到一定高度，阿美德黑胡蜂便根据自己的几何知识，逐渐将墙建造成为一个向中心弯曲的墙面，使得房子渐渐成为球状。在房顶处，阿美德黑胡蜂又开了一个圆孔，圆孔呈喇叭口状，完全由水泥造成，猎物就是从这里放进去的。卵产下来之后，阿美德黑胡蜂便用一根丝线，将卵挂在穹窿上，然后在喇叭口上塞一块黏土，堵住窝口。

它这样造的窝，不怕被风吹走，因为它是由小石头和水泥做成的，很沉重；也不怕雨水淋着，因为那个泥瓦匠已经像我们人类盖房子一样，用石灰和砾石将各个角落封得严严实实。它这个窝，用手压也压不坏，也很难将它切碎。而且从外面看，外面都是一粒一粒的小石子，很像一座真正的人类建筑。如果观察得再仔细一些，你会发现，窝的出口地方，是一间间独立的房间，每个房间里的墙壁上都镶嵌着小砾石，看起来很坚固。

虽然石蜂造房的方法与阿美德黑胡蜂相似，但它的建筑形状是一座粗糙的小塔，里面是一排并排的蜂房，没什么特别之处。而且最后石蜂还会在封口处涂一层防水、防热的屋顶，整个房子看起来就成了一个土坷垃。阿美德黑胡蜂的圆球状窝就比石蜂的窝美观多了，而且外面没有那层防水、防热的屋顶，水泥和石子直接裸露在外——正是由于它的牢固性，所以没必要再多涂一层石灰。

所以，虽然石蜂与胡蜂的房子建造方法相似，但由于胡蜂选择了更结实的建筑材料，两者的窝很容易就能区分开来。

艺术的窝

与石蜂相比，胡蜂似乎是一种更高级的动物，这不仅仅在于它的窝更坚固一些，还在于它的窝似乎还融入了一些美学元素，这在两个方面表现得尤其明显。

一、圆顶艺术

细说我们人类的建筑，一般人家很少将自己的屋子盖成圆顶状的吧！因为我们平常人只要确保屋子的坚固就行了，不会刻意给自己的房子造一个形状。但胡蜂很容易就做到了，甚至可以说，自由居住的胡蜂，"家家户户"都做到了这一点。

将屋顶改成圆顶的形状，并不是因为胡蜂幼虫生存的需要，纯粹是为了装饰。它即使不将屋顶造成这个形状，随随便便随挖一个口，也不会影响它的进出。但它就是将出口建造成一个漂亮的弧形双耳尖底瓮，使得整个房子看起来像一件东方的陶瓷品，非常精美。

想象一下，这么一个小虫子，是怎样一点一点用自己的大颚和腿，才将石灰和砾石砌成这样一个漂亮的弧形呀！只因它对美有特别的要求，否则不会增加工作量自讨苦吃。

二、装饰艺术

仔细观察，你会发现，圆顶外面镶嵌的小石子，主要是石英粒，这与其他地方的砾石明显有所区别。因为石英比较光滑，半透明，有反光作用，所以看起来亮晶晶的。此外，窝的附近也会摆一

些这样的石英粒，将胡蜂的宫殿衬托得亮闪闪的。

　　更令人称奇的是，圆拱的顶上，还常常镶嵌着几个蜗牛壳——通常是干旱的斜坡上才会出现条纹蜗牛的壳。这些蜗牛壳，在太阳光的照耀下，又白又亮，大方又纯洁。如果我们幸运地遇到一位非常讲究的胡蜂，我们还会看到，它的窝上不再用砾石，而是全部改用蜗牛壳装饰。

　　这多么像一间用宝石装饰的屋子呀！这还只是黑胡蜂的房子，而蜾蠃的房子更讲究，它会专门寻找那些耀眼、明亮的火石珠子镶嵌房子，甚至连房间里面的墙壁上也镶上，当看到整栋房子都亮晶晶的时候，它是不是高兴地站在房子里拍手呢？

现在想象一下，这些小家伙在造房子的时候，遇到一粒粒美丽的小石子该是多么开心呀！它肯定首先丢掉那些普通的砾石，优先选择这些漂亮的石子。如果有幸找到一个白色的小蜗牛壳，它肯定像人们拣到钻石一样欣喜若狂，首先抱在怀里，然后急急忙忙地将它镶嵌到自己的屋顶上，然后无比自豪地欣赏它那漂亮的房子！

一句话，人人都有追求美的本能，胡蜂也不例外。

科学的窝

　　"美"是人人向往的东西，但"美"与"安全"相比，显然安全更重要。所以那些精明的胡蜂们，在欣赏完了精致高雅的房子之后，便狠心将这个艺术品掩盖起来，为它们粉刷上一层丑陋的外表，将"美"的屋子变成了"安全"的屋子。

　　现在，黑胡蜂的圆屋顶消失了，它要在上面建造其他的拱屋，那个漂亮的圆顶，将成为屋与屋之间的隔墙。一间一间的拱屋造出来了，整个建筑物不再是漂亮的陶制品，而是一个有棱有角的多面体，蜂巢表面看起来就是一个个连绵起伏的丘陵——其实这是一个一个蜂房。谁能想象，原来那个亮光闪闪的精美陶器变成了这副德性呢？但对于所有蜂房的胡蜂幼虫来说，这样的设计却是最安全的。

　　实际上，除了安全，这栋别墅还有另外一个功能——保暖。

　　我打开胡蜂的巢才发现，它并不是单层的，蜂房的墙壁都是双层，也许

还会有更多层。为什么说多层的房间就是保暖的呢？根据相关物理学，我们知道，两个隔板之间的气垫，由于空气闭塞的缘故，更具有保暖作用。所以人们在冬季的时候，会用双层玻璃来保暖。没想到胡蜂也知道这个道理，它为孩子们建造了多层套间，将整个蜂巢包裹得严严实实的，确保里面四季都如春天般温暖。

另外我还发现，胡蜂们似乎天生就知道，多面体的房间既能节省空间和材料，又能确保房间与房间之间不留空隙。所以群居胡蜂的房子，多是六面体的，这样既能保证每个房间大小都是一样的，而且又能舒舒服服地装下幼虫那近似圆柱形的身体。这是它们在几何学上的独特发现，我会在群居胡蜂中重点讲述这个问题。

通过胡蜂造房子的经历，我这才发现，它们对美的独特认识，对物理学和几何学的特殊发现，都远远超过人们的想象。这是一种多么了不起的小生命啊！

小贴士：胡蜂们的建筑工具

你知道吗，昆虫界同一种类的不同昆虫，有时候就像我们人类一样：大家长着一样的身体，但却有各自不同的才华。

虽然它们长相差不多，是同一种昆虫，工具也差不多，但它们也分别有不同的才华。就以蜾蠃为例子吧，肾形蜾蠃、阿尔卑斯蜾蠃、筑巢蜾蠃虽然同属蜾蠃，长相也极其相似，但它们却在不同的方面展现了各自的技能。

肾形蜾蠃的腿很长，因此即便遇到坚硬的泥土，它也能挖出一条很深的隧道。然后，它会将清理出来的杂物聚集在一起，在自己的窝口竖上一个弯曲的"烟囱"，这就是它的特别之处。

如果说肾形蜾蠃是一个长于挖掘的"挖掘工"的话，那么阿尔卑斯蜾蠃就是善于采脂的"采脂工"，现在我们着重认识一下阿尔卑斯蜾蠃。它没有肾形蜾蠃挖掘的工具，因此不能挖一条像隧道那样的家。但它却会采脂，会镶嵌艺术。

阿尔卑斯蜾蠃总是在蜗牛壳中筑巢，这样就省去了挖掘这道工序，然后便开始"装修"房子。装修的材料除了胡蜂们常用的小石子，还有树脂，这可比石灰要高级得多。

阿尔卑斯蝈蝈会在土中不停地扒拉，寻找那些它认为合适的小石子，然后用树脂粘起来，做成一道围墙。如果能找到一些的美丽的火石珠子，那就最好不过了。它会先在蜗牛壳上刷一层树脂，然后将那些发光的火石珠子，一粒一粒镶嵌上去。如果找不到更多的火石珠子，不能满足墙壁的装饰要求，那么至少要保证屋顶上有亮晶晶的石子。实际上，这个"珠宝"爱好者对火石珠子的爱好已经到了疯狂的地步，一般它会在每个房间都镶上火石珠

子，使整个家看起来透明发亮。

由于树脂比石灰具有更强的黏性，而且色泽看起来不一样，加上阿尔卑斯蜾蠃对火石珠子的狂热喜欢，所以阿尔卑斯蜾蠃的家看来更坚固，更精致、美观。

与肾形蜾蠃和阿尔卑斯蜾蠃不同，筑巢蜾蠃善于粉刷。它喜欢将家建在芦竹上，它会用自己的长刨将已经变白的芦竹刨成碎屑，然后再用自己的大颚嚼得更碎，简单筛选一下，和又湿又热的泥和在一起，拌匀，然后将这些材料均匀地涂在芦竹空心里，做成一个隔墙或屋顶盖子。由于这道壁垒是纤维和泥土的混合物，所以比纯粹的泥土大门要结实一些——瞧！它就是昆虫界少有的粉刷工，知道通过这样的粉刷使自己的家更牢固。

图书在版编目（CIP）数据

贪婪的麻醉专家：砂泥蜂／（法）法布尔（Fabre, J.
H.）原著；胡延东编译. — 天津：天津科技翻译出版有
限公司，2015.7
（昆虫记）
ISBN 978-7-5433-3502-8

Ⅰ.①贪… Ⅱ.①法… ②胡… Ⅲ.①泥蜂科－普及读
物 Ⅳ.①Q969.555.3-49

中国版本图书馆 CIP 数据核字（2015）第 103979 号

出　　　版：天津科技翻译出版有限公司
出 版 人：刘 庆
地　　　址：天津市南开区白堤路 244 号
邮政编码：300192
电　　　话：（022）87894896
传　　　真：（022）87895650
网　　　址：www.tsttpc.com
印　　　刷：三河市兴国印务有限公司
发　　　行：全国新华书店
版本记录：787×1092　16开本　　8印张　160千字
　　　　　2015年7月第1版　　2015年7月第1次印刷
　　　　　定价：23.80元